# DAS GROSSE BUCH DER FAHRZEUGPFLEGE

Christian Petzoldt

# DAS GROSSE BUCH DER FAHRZEUGPFLEGE

Neu- und Gebrauchtfahrzeuge · Klassiker · Cabrios

HEEL

# Impressum

HEEL Verlag GmbH
Gut Pottscheidt
53639 Königswinter
Telefon 02223 9230-0
Telefax 0 22 23 923026
E-Mail: info@heel-verlag.de
Internet: www.heel-verlag.de



Verantwortlich für den Inhalt: Christian Petzoldt



Satz und Gestaltung: HEEL-Grafik

Fotonachweis: Christian Petzoldt / Dieter Debo

Bildbearbeitung / Grafik: Frank Schroth / Günter Klawek

Druck: D+L Reichenberg GmbH, Bocholt

– Printed in Germany –

ISBN: 978-3-86852-203-7

Vorwort 7
Einleitung 9

Kapitel 1
**NEUFAHRZEUGE**
- Sanfte Reinigung 11
- Lackschutz 13
- Lederschutz 15
- Felgenversiegelung 18

Kapitel 2
**GEBRAUCHTFAHRZEUGE**
- Fahrzeugwäsche 21
- Lackreinigung 31
- Lackpolitur 35
- Lackfolien 36
- Lackversiegelung 37
- Lederpflege und Auffrischung 41
- Polster- und Innenreinigung 48
- Glasreinigung 55
- Zierteile und Gummidichtungen 59

Kapitel 3
**YOUNGTIMER UND OLDTIMER** 63
- Lackreinigung und Politur 64
- Lackausbesserung 70
- Schleifen und Polieren 75
- Lackpflege 80
- Nass- und Trockenreinigung 82
- Verdecke 84
- Vinyldächer 88
- Metalloberflächen 91
- Auffrischen von Blinker- und Rücklichtgläsern 98
- Altleder auffrischen 100
- Lederreparatur und -färbung 105
- Holzpflege und -restaurierung 110
- Reinigen von Polster- und Kunststoffen 119
- Überwinterung 123

Kapitel 4
**CABRIO-FALTDÄCHER AUS STOFF UND VINYL**
- Reinigung von Stoffverdecken 129
- Reinigen und konservieren
- von Vinylverdecken 133
- Kunststoffheckscheiben 136
- Cabriodichtungen 138

Kapitel 5
**FELGEN UND REIFEN**
- Reinigen von Stahlfelgen 139
- Reinigen von stark verschmutzten Alufelgen 141
- Reinigen von normal verschmutzten Alufelgen 142
- Polierte Alufelgen reinigen 144
- Chromfelgen reinigen 145
- Mattlackfelgen reinigen 148
- Felgenpflege 149
- Reifenpflege 151

Kapitel 6
**HANDPOLIERTECHNIKEN** 153

Kapitel 7
**MASCHINENPOLIERTECHNIKEN** 159

Kapitel 8
**LACKDEFEKTE UND SCHLEIFTECHNIKEN** 167

Kapitel 9
**WERKZEUGE/ARBEITSMITTEL** 175

Herstellernachweis/Danksagung 183

Die unvermeidliche Frage, warum dieses Buch geschrieben wurde, ist leicht zu beantworten. Es soll allen interessierten Autobesitzern und Liebhabern von Neufahrzeugen, Jahreswagen, jüngeren sowie älteren Gebrauchten, Youngtimern und Oldtimern helfen, Pflege und Erhalt von Fahrzeugoberflächen zu erleichtern.

Dabei wird die unterschiedliche Beschaffenheit der Lackoberflächen während der letzten Jahrzehnte bis hin zu den neuesten kratzresistenten Lacksystemen und Pulverbeschichtungen fachgerecht behandelt. Erstmals werden in diesem Praxisbuch auch die neuesten Hand- und Maschinenpoliertechniken in Wort und Bild vorgestellt.

Es wird darüber hinaus im Detail demonstriert, wie alle anderen Materialien im Außen- und Innenbereich eines Fahrzeugs gereinigt, aufgefrischt und fachgerecht geschützt werden können. Weiterhin werden diverse Techniken zur werterhaltenden Pflege von Cabrioverdecken und hochwertigen Felgen vermittelt. Da es für manche Fahrzeugoberflächen sinnvoll und machbar ist, werden vor dem Hintergrund heutiger technischer Möglichkeiten zudem Wege einer einfachen Instandsetzung aufgezeigt, die dem geübten Selbermacher als Arbeitsanleitung dienen mögen.

Grundsätzlich werden in diesem Buch sowohl alte, originale Fahrzeugoberflächen behandelt, wie auch jüngere bis hin zu Neuwagenoberflächen. Auf diese Weise versuchen wir, den Interessen aller Autobesitzer gerecht zu werden und ein Fülle von Tipps und guten Ratschlägen zu vermitteln, um die verletzliche Außenhaut ihres vierrädrigen Lieblings optimal zu erhalten. Denn das Ergebnis einer perfekt bearbeiteten und/oder gepflegten Oberfläche resultiert aus einem mit dem nötigen Hintergrundwissen und Know-how ausgestatteten Anwender, dem richtigen Werkzeug und sinnvoll eingesetzter Unterstützung durch chemische Hilfsmittel. Das Ziel dieses Buches wäre erreicht, wenn Sie mit seiner Hilfe bessere Resultate bei Ihrer Lieblingsbeschäftigung, dem Erhalten und Pflegen von schönen Autos, erzielen würden.

Die in diesem Buch präsentierten Arbeitsanleitungen und -techniken beruhen auf langjährigen Erfahrungswerten und sollten zu zufriedenstellenden Ergebnissen führen. Die verwendeten Materialien sind in Alter, Herstellungsverfahren und Ursprung jedoch sehr unterschiedlich, so dass alle in diesem Buch vorgeschlagenen Reinigungs- und Pflegearbeiten zunächst an versteckten Stellen auf ihre Wirkung und Verträglichkeit geprüft werden sollten. Die im Buch gegebenen Arbeitsempfehlungen und der Einsatz der entsprechenden Hilfsmittel sind nach bestem Wissen und Gewissen erfolgt. Dennoch können Autor und Verlag selbstverständlich keinerlei Verantwortung für Schäden am Fahrzeug übernehmen, die durch unsachgemäßes Arbeiten oder eine falsche Anwendung dieser Produkte entstehen.

**Christian Petzoldt**
**Mai 2010**

80
100
120
140
160
180
200
Km

Die in diesem Buch gezeigten und benutzen Produkte, habe ich vor Ort aus dem reichhaltigen Angebot an Pflegemitteln ausgesucht. Anhand und mit Hilfe dieser Produkte, werde ich auf den folgenden Seiten Reinigungs- und Pflegetechniken demonstrieren, mittels derer Sie in die Lage versetzt werden sollten, überzeugende Arbeitsergebnisse zu erzielen. Teilweise werden die benutzten Reinigungs- und Pflegemittel auch von Profis in der Fahrzeugaufbereitung und in Autohäusern verwendet. Eine Auflistung dieser Produkte und Kontaktdaten der einzelnen Hersteller und Anbieter finden Sie am Ende dieses Buches.

Auch die Werkzeuge, diverse Utensilien und Tücher, die ich im Buch verwendet habe, sind sorgfältig ausgewählt und in der Praxis getestet worden. Denn diese nützlichen Helfer bei der Fahrzeugreinigung und Lackbearbeitung sind – neben den Chemieprodukten – in gleicher Weise für ein perfektes Endergebnis unabdingbar. Auch sie werden zumeist von Profis in der Fahrzeugaufbereitung auf den jeweiligen Oberflächen eingesetzt. Der richtige Umgang mit ihnen und die Auswahl geeigneter Hilfsmittel wird dabei im Detail erklärt. Optimale Einsatzzwecke sowie die richtige Pflege der Hilfsmittel (denn auch die ist nötig!) werden darüber hinaus im Anhang (Werkzeuge) genau erläutert.

**Als Formel für ein perfektes Arbeitsergebnis kann Folgendes gelten:**

– Das Produkt, das Sie benutzen, ist eine Sache.

– Das Werkzeug, das Sie benutzen, ist eine zweite Sache.

– Ihre Kenntnisse und Ihr Geschick sind eine dritte Sache.

– Alle drei Faktoren im Zusammenspiel ergeben das sichtbare Endergebnis – und je nach Oberfläche fast zu gleichen Teilen.

**In diesem Sinne viel Spaß und Erfolg bei der Wert erhaltenden Autopflege!**

HA MB 1434

# Neufahrzeuge

Wer sein Neufahrzeug vom Händler oder Werk abholt, sollte die neuen sensiblen Oberflächen nicht mit ungeeigneten Werkzeugen und chemischen Mitteln behandeln und dabei Gefahr laufen, auf ihnen sichtbare Spuren zu hinterlassen. Es ist daher äußerst wichtig, allen schutzbedürftigen Oberflächen mit großer Vorsicht und von Beginn an die erforderliche Pflege und Schutz angedeihen zu lassen. Dabei sind bei manchen Oberflächen der richtige Zeitpunkt und die richtige Arbeitstechnik entscheidend, um Gebrauchsspuren und Schäden zu vermeiden.

Nehmen wir uns zuerst einmal die größte zu pflegende Fahrzeugoberfläche, die komplette Lackoberfläche vor. Die modernen Werkslackierungen – sofern es noch keine Pulverbeschichtungen sind – werden auf der Rohkarosserie bei einer Temperatur von ca. 130 bis 140 Grad Celsius getrocknet und eingebrannt. Daher können diese erst ca. 10 Tage nach diesem Vorgang durch eine Lackkonservierung wie Wachs oder ein Versiegelungsprodukt geschützt werden. 10 Tage deshalb, weil erst nach dieser Zeit die Lackschicht endgültig durchgehärtet ist und so gut wie alle Lösungsmittel ausgedünstet sind. Sollte ein Neufahrzeug allerdings im Werk oder beim Händler wegen einer möglichen Beschädigung nachlackiert worden sein, ist die Reparaturlackierung nur bei ca. 60 bis 80 Grad getrocknet worden und braucht dann ca. 30 Tage, bis sie durchgehärtet ist. Wer also auf Nummer Sicher gehen will, sollte die 30 Tage warten bevor die schützende Lackversiegelung aufgetragen wird, die die Oberfläche verschließt.

Auch bei der Reinigung und Fahrzeugwäsche, sollte in dieser ersten Zeit, während der Lack noch sehr putzempfindlich ist, sehr behutsam vorgegangen werden. Auch der Innenraum wird in den ersten Wochen noch vom typischen Neuwagenduft beherrscht. Verantwortlich dafür sind Lösemittel, die aus Kunststoffen, Polstern, Teppichen und Klebstoffen austreten und erst nach einiger Zeit verfliegen. Im Interieur von Neufahrzeugen sind es am Anfang aber nur die Lederausstattungen, die direkt geschützt werden sollten, denn speziell bei hellen Farbtönen sind Abfärbungen von Jeans oder Lederbekleidungen oft ein Problem. Ebenso übrigens die Sitzwangen, deren Kanten direkt vor Abrieb, wie er beim Einsteigen unweigerlich vorkommt, geschützt werden sollten.

In jedem Fall ist es entscheidend, auf allen neuen, durch verschärfte Umweltschutzbestimmungen deutlich sensibler reagierenden Materialien und Oberflächen richtig zu pflegen und zu schützen.

## Sanfte Reinigung

Hier nun einige Tipps und Tricks zur sanften Pflege empfindlicher Lackoberflächen von Neufahrzeugen. Es mag für den Laien zunächst überraschend klingen, aber unter Fachleuten im Messe- und Ausstellungsbereich ist unbestritten, dass die Trockenreinigung – sofern sie sorgfältig ausgeführt wird – eine sehr schonende Variante ist, um Fahrzeugoberflächen von leichten Verschmutzungen zu befreien. Sie ist eine Methode, einfach und in wenigen Minuten das Fahrzeug von anhaftenden leichten Verschmutzungen und Fingerabdrücken spurenlos zu befreien.

Dabei sollte in einem ersten Arbeitsschritt mit einem wachsgetränkten Baumwollbesen sämtlicher loser Feinschmutz, Staub und Sandpartikel vor-

**Bei festsitzender Verschmutzung milde Handwäsche mit sehr weichem Schwamm.**

**Die sanfte Methode bei losen feinen Staubpartikeln (linkes Bild)**

sichtig entfernt werden. Der zweite Arbeitsschritt ist dann die Nachreinigung mit einer sogenannten Trockenwäsche (auch Quick Detailer genannt) und einem sehr weichen, langfaserigen Baumwoll- oder besser noch Mikrofasertuch.

Durch leichtes Aufsprühen eines Glanzreinigers und das Verteilen dieser Flüssigkeit werden leichte Schmutz- und Wasserränder, Fingerabdrücke sowie frische Baumharz- und Insektenreste gelöst. Anschließend wird das Tuch gewendet und der gelöste

Sogenannte Quick Detailer oder Glanzreiniger entfernen leichte Verschmutzungen und Flecken schonend mit einem weichen Mikrofasertuch.

Schmutz mit etwas Flüssigkeit aufgenommen. Es entsteht eine glänzende, saubere, streifenfreie Oberfläche, die zum Schluss auch gewachst oder versiegelt werden kann.

**WICHTIG:** Nur leicht verschmutzte Fahrzeuge auf die hier beschriebene Art reinigen. Zunächst immer erst losen, gröberen Schmutz, mit dem Staubbesen entfernen. Dann nur langfaserige Tücher verwenden, die in der Lage sind, Schmutzpartikel und Insektenreste aufzunehmen, ohne die Oberfläche zu verkratzen. Je nach Verschmutzungsgrad und -art sind mehrere Tücher für die perfekte Reinigung nötig.

## Lackschutz

Wenn die Zeit gekommen ist, die neuen Lackoberflächen wirkungsvoll vor Bewitterung und Tier- und Baumsekreten zu schützen, sollte dies mit System geschehen. Fest steht, dass die neuen Lackoberflächen, solange sie nicht ausreichend gegen äußere Einwirkungen geschützt sind, sehr leicht z. B. durch Vogelkot, Bienenkot, Insektenreste und Baumharze zu schädigen sind. Diese Art der Lackbeschädigung beginnt auf ungeschützten Lackoberflächen bereits nach ca. 2 Stunden. Besonders dunkle Lacke, die sich in der Sonne auf 50 bis 60 Grad Celsius in der Sonne aufheizen und damit heißer werden als helle Lackfarben, weisen schnell starke Oberflächenschäden auf. Daher ist es äußerst wichtig, solche Verschmutzungen sofort durch eine Fahrzeugwäsche zu entfernen, bevor Schlimmeres passiert.

Nun aber zum eigentlichen Lackschutz bei Neuwagen. Zunächst sollte man nach der vorsichtigen Fahrzeugreinigung oder -wäsche die Lackoberflächen wenn möglich in der Sonne oder mittels einer starken Lichtquelle auf feine Spuren untersuchen.

**Feinste Spuren auf neuen Lacken mit einem sehr milden Produkt und einem weichen Schwämmchen sicher entfernen.**

**Lackversiegelung mit sehr weichen Werkzeugen dünn auftragen, und mit weichen Tüchern entfernen.**

Ist die Oberfläche spurenfrei und fühlbar glatt, kann direkt im Schatten auf der kühlen bzw. abgekühlten Lackoberfläche mit dem Lackschutz (Versiegelung) begonnen werden.

Zeigt die Oberfläche jedoch feine Spuren und sogenannte Haarlinienkratzer, sollte zu deren Entfernung eine milde Politur verwendet werden (siehe auch das Kapitel Gebrauchtfahrzeuge). Ebenso sollten vor der Lackversiegelung fühlbare Ablagerungen auf den horizontalen Lackoberflächen mit Reinigungsknete entfernt werden.

Um eine Lackoberfläche optimal zu schützen, gibt es auf dem Markt die unterschiedlichsten Produkte. Vor der Entscheidung für ein spezifisches Produkt sollte man allerdings bedenken, wie das Fahrzeug im Durchschnitt genutzt wird. Wie viele Kilometer legt man ungefähr im Jahr zurück, wie ist der Anteil von Lang- und Kurzstreckenfahrten, d.h. fährt man überwiegend Autobahn- oder Stadttempo, gibt es eine Garage oder einen Carport. All diese Faktoren sind wichtig, um aus der Fülle des Angebots den optimal geeigneten Lackschutz auszuwählen.

**Folgende Faustregel kann gelten:**
Bei Fahrzeugen, die wenig und meist innerorts oder auf Kurzstrecken bewegt werden, reicht ein Wachs, das 2 bis 3 Mal im Jahr aufgetragen wird. Fahrzeuge, die eine hohe Kilometerleistung aufweisen und hohe Geschwindigkeiten aushalten müssen, die zudem häufig in die Waschstraße gefahren werden und Tag und Nacht draußen stehen, sollten ca. 1 Mal im Jahr mit einer Lackversiegelung geschützt werden.

Immer jedoch sollten Sie sich Zeit für Ihre Arbeit nehmen und Ihr Neufahrzeug sehr behutsam reinigen. Arbeiten Sie beim Lackschutz ausschließlich auf kühlen und staubfreien Lackoberflächen. Verwenden Sie nur weiche und hochwertige Auftragswerkzeuge und neuwertige Poliertücher, um schlierenfrei das Produkt Ihrer Wahl zu verarbeiten.

Eine ausführliche Anleitung zur Verarbeitung von Wachs- und Lackversiegelungsprodukten findet sich im Kapitel Gebrauchtfahrzeuge/Lackversiegelung.

## Lederschutz

Die heutigen neuen Fahrzeugleder reagieren durch veränderte Gerbverfahren und Beschichtungen etwas sensibler als jene von vor etwa zehn Jahren. Folglich sind sie auch anders zu schützen und zu pflegen.

Beginnen wir mit der Farbbeschichtung. Diese ist mechanisch nicht mehr so belastbar und sollte daher umgehend gegen Abrieb an den Sitzwangen bzw. Einstiegskanten geschützt werden. Vor allem der naturgemäß am häufigsten genutzte Fahrersitz sollte im seitlichen Lehnen- und Sitzflächenbereich vor Farbverlust und Durchscheuern wirksam geschützt werden. Das kann mit einem der modernen

HA KA 15

6.3

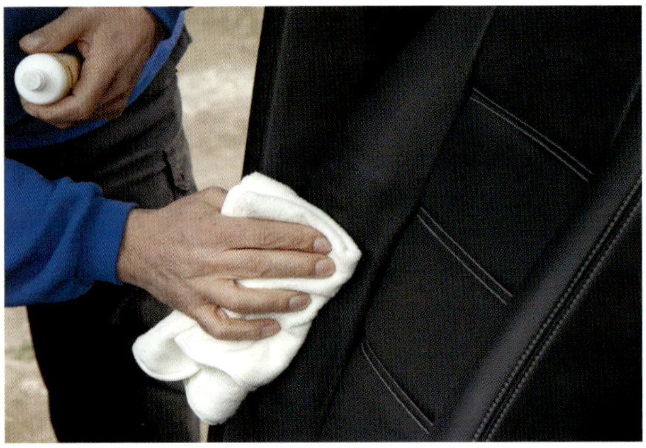

Lederversiegelungsprodukte sehr effektiv geschehen. Je nach Nutzung mehrfach im Jahr dünn und gleichmäßig auftragen, und Sie haben lange Spaß an Ihrer unbeschädigten Lederausstattung.

Aber auch zum Schutz vor einem weiteren, sehr unschönen Lederproblem ist die Lederversiegelung bestens geeignet. Bei hellen Lederausstattungen verhindert die Versiegelung das hässliche Abfärben von (vor allem feuchten) Jeans, Ledergürteln und Jacken. Sind erst einmal Abfärbungen und Farbpigmente der Bekleidung in die Farbschicht des Sitzleders eingedrungen, können diese meist nicht mehr entfernt werden – ärgerlich. Dann muss das Leder – zumindest die Sitzfläche oder Bereiche der Rückenlehne – nachgefärbt werden, was nicht gerade billig ist. Um dies zu vermeiden, sollte also das Leder noch im Neuzustand mit einer guten Lederversiegelung geschützt werden.

Bitte beachten Sie auch, dass Metallverzierungen an Jeans, Jacken und Gürteln die Lederoberfläche und die Farbschicht beschädigen und verkratzen können. In Zweifelsfällen lieber ein weiches Tuch (z. B. ein weißes ungefärbtes Baumwollhandtuch) als Schutz auf den Sitz legen.
Weitere vielfältige Tipps und Arbeitstechniken zur perfekten Reinigung und Pflege von Fahrzeug-Lederausstattungen finden Sie im Kapitel Gebrauchtfahrzeuge/Lederpflege.

## Felgenversiegelung

Neue Leichtmetallfelgen, meist als Extra erworben oder speziell für das angeschaffte Fahrzeug ausgesucht, sollten optimaler Weise noch vor Inbetrieb-

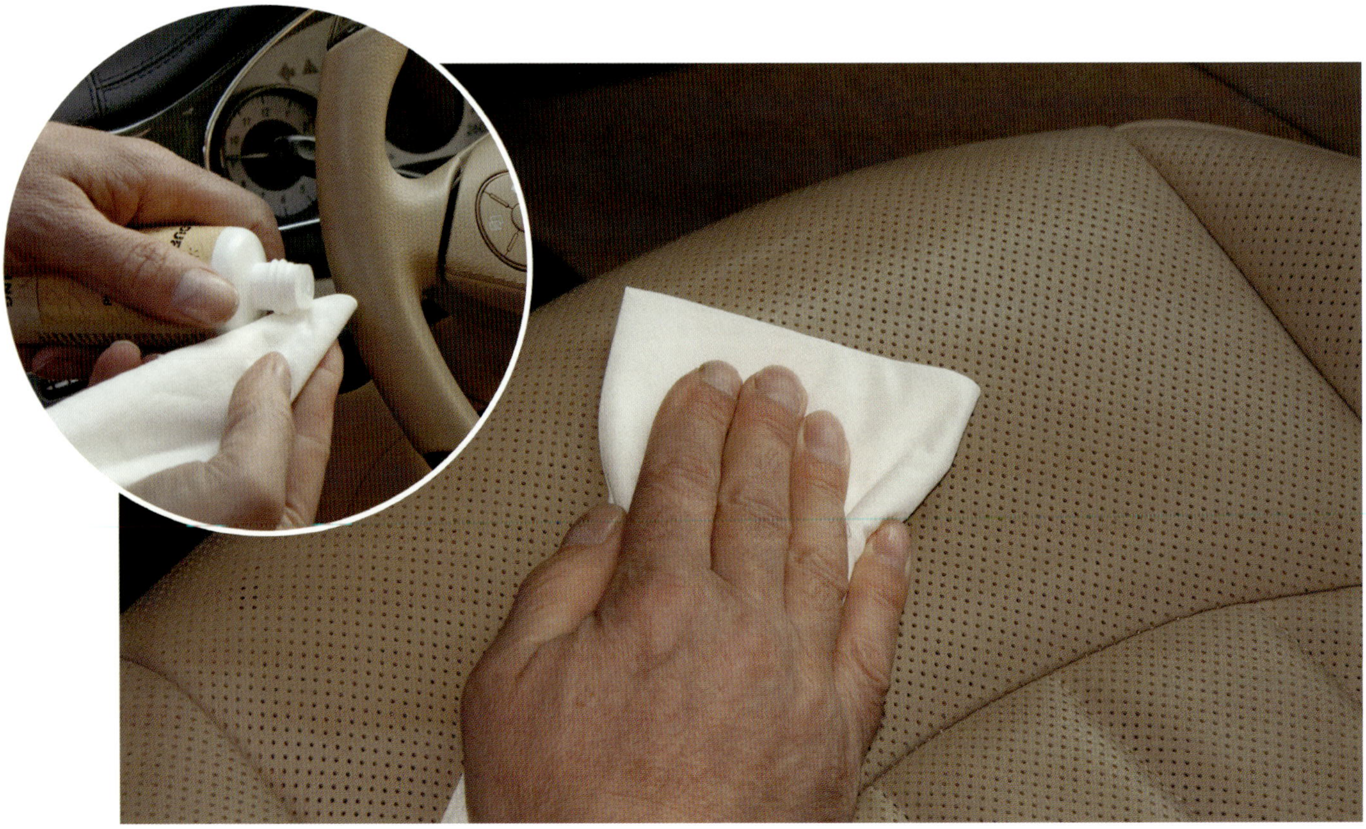

**Neue Felgen sollten sofort versiegelt und somit geschützt werden. Sie lassen sich dann leichter reinigen.**

nahme des Autos versiegelt und dadurch wirksam geschützt werden. Denn zu diesem Zeitpunkt sind sie noch brillant, glatt und glänzend.

Damit das so bleibt, ist es wichtig von Beginn an die richtigen Pflege- und Schutzmaßnahmen zu ergreifen. Zuerst aber brauchen die neuen Felgen nur gründlich mit einem handwarmen Spülmittel-Wasser gereinigt zu werden, damit die leichten Verschmutzungen und fettigen Montagespuren schonend entfernt werden. Als Werkzeug bei der Reinigung eignet sich ein kleines weiches Schwämmchen

oder ein Mikrofasertuch. Danach gründlich abspülen und trocknen.

Anschließend sollte je nach Felgenaufbau und -struktur ein kleines Baumwolltüchlein oder ein kleines weiches Schwämmchen zum Auftragen der Felgenversiegelung benutzt werden. Sobald dieses Produkt angetrocknet ist, kann man mit einem strukturierten Mikrofaser- oder Baumwolltuch den Überstand abtragen. Meine Erfahrung ist, dass man besser einen zweiten Versiegelungs-Auftrag vornimmt, um Schutz und Langlebigkeit der Felgenkonservierung zu steigern. Solchermaßen geschützte Felgen lassen sich danach einfach und schonend mit einem milden Shampoowasser wöchentlich reinigen.

Seit kurzem gibt es auch einen Trend, Felgen mit matt lackierten oder pulverbeschichteten Oberflächen anzubieten. Diese matten Oberflächen sind schwieriger zu pflegen als glänzende. Zwar sieht man darauf kaum mechanische Putzspuren, aber Bremsbelagabrieb und Schmutz können sich aufgrund der weniger glatten Oberfläche fester ablagern. Daher ist es sehr wichtig, solche Felgen häufiger zu reinigen. Als zusätzlicher Auftrag haben sich spezielle Mattlackpflegemittel gut bewährt. Diese schützen die sensiblen Oberflächen ohne den Glanz zu erhöhen und den Mattlack speckig oder fettig aussehen zu lassen.

Übrigens: Öl- oder Fettverschmutzungen auf matten Oberflächen lassen sich ganz einfach mit einem Glasreiniger und einem Mikrofasertuch entfernen.

**BITTE BEACHTEN SIE: Nicht nur Lackoberflächen der Karosserie, sondern auch Leichtmetallfelgen stets in abgekühltem Zustand und im Schatten reinigen.**

# KAPITEL 2

# Gebrauchtfahrzeuge

## Fahrzeugwäsche

In diesem Kapitel geht es um die Wert erhaltende Reinigung aller Oberflächen im Fahrzeug-Außenbereich, die eigentliche Fahrzeugwäsche. Bei diesem für alle Lackoberflächen essenziellen Reinigungsvorgang, unterscheidet man grob drei Techniken:

– die Handwäsche (klassisch)
– die SB-Handwäsche mit technischer Unterstützung (Waschbox)
– die automatische Waschanlage (Portalanlage oder Waschstraße)

Gerade für die heutigen Lacksysteme auf Wasserbasis ist regelmäßiges Waschen, bzw. bei starken oder extremen Verschmutzungen durch Tiersekrete wie Vogel- oder Insektenkot, Baumharze, Industrie- und Chemieablagerungen usw. sogar ein sofortiges Waschen sehr wichtig. Bei den modernen Lackoberflächen zählt jede Stunde, denn je länger die Belastungszeit (= Einwirkzeit) der Verschmutzung andauert, umso gravierender kann am Ende der Lackschaden (Verätzung) ausfallen. Im Extremfall ist der komplette Lackaufbau zerstört, und eine Nachlackierung wird erforderlich. Entfernen Sie also bitte unbedingt jede gravierende Verschmutzung umgehend durch eine Wäsche. Auch eine regelmäßig erneuerte Lackversiegelung ist sehr hilfreich, um Lackschäden wirksam zu verhindern.

Bevor wir im Folgenden die unterschiedlichen Waschsysteme und -techniken unter die Lupe nehmen, hier noch eine wichtige Grundregel: Je mehr Wasser und Schaum und je weicher die benutzten Werkzeuge, desto spurenärmer bleibt eine sensible Lackoberfläche. Schließlich resultiert der Erhalt eines perfekten Autolacks aus einer schonenden und mit optimalen Werkzeugen ausgeführten Nassreinigung. Falsche Waschtechniken und Arbeitsmittel führen hingegen unweigerlich zur Beeinträchtigung der Lackqualität sowie zur Spurenbildung (Haarlinienkratzer). Gerade bei dunklen Lackoberflächen ist es dringend erforderlich, mild und fehlerfrei zu waschen, denn nur so lässt sich der spurenfreie Glanz einer Lackoberfläche und deren Versiegelung über einen langen Zeitraum erhalten. Ebenso wichtig für die Standzeit (Haltbarkeit) des Lackschutzes, z. B. eines Wachses oder einer Versiegelung, ist die Wahl eines guten Autoshampoos.

**WARNUNG: Verwenden Sie für die Autowäsche per Hand niemals Haushaltsreiniger oder Spülmittel, da diese stark Fett lösend sind und einen Wachs- oder Versiegelungsauftrag in wenigen Anwendungen abtragen. Zudem entfetten Sie Gummidichtungen und Kunststoffteile und lassen diese schnell verspröden. Und noch einmal: Waschen Sie ihr Fahrzeug nie in der prallen Sonne, sondern führen Sie alle Pflegearbeiten stets auf kühlen Oberflächen aus.**

### HANDWÄSCHE

Beginnen wir also mit der – sofern sie richtig ausgeführt wird – schonendsten Art der Fahrzeugwäsche, der Handwäsche. Spritzen Sie das Fahrzeug von oben nach unten gründlich mit reichlich Wasser ab, um lose und größere Verschmutzungen oder Sandpartikel abzuspülen. Diese würden sonst beim Waschen unweigerlich Spuren und Kratzer verursachen.

Anschließend benutzen wir je nach Lacksensibilität oder vorhandenem Lackschutz (Wachs oder Versiegelung) das optimale Waschwerkzeug. Ein Natur-

R36
D

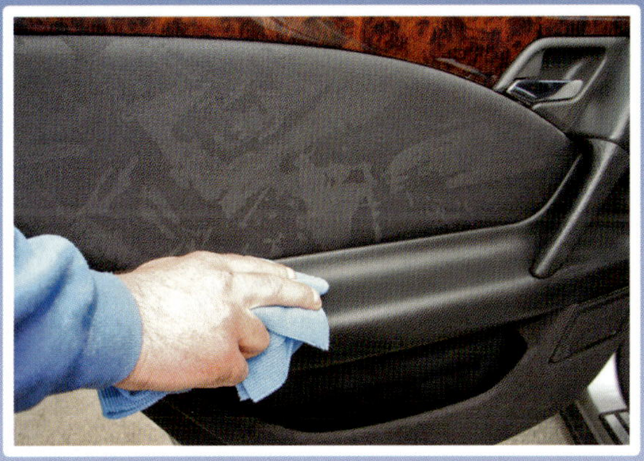

**Wichtig bei der Fahrzeugwäsche ist, reichlich Wasser zu verwenden. Dadurch wird ein schonendes, spurenfreies Ergebnis erreicht.**

schwamm oder ein ähnlich weicher Kunstschwamm sind für empfindliche dunkle Lacke bestens geeignet, für helle unempfindlichere Oberflächen tut es ein normaler Autoschwamm. Mit einem Mikrofaserwaschhandschuh lassen sich festsitzende Verschmutzungen wie Insektenreste und Baumharze problemlos entfernen – aber Vorsicht: weiche oder sensible Naturwachse auch. Deshalb sind diese so gut reinigenden Waschwerkzeuge für bereits versiegelte Lackoberflächen besser geeignet.

Für die eigentliche Handwäsche benötigen wir zwei Wascheimer, einen mit handwarmem Wasser, das den laut Herstellerangabe richtigen Shampoozusatz enthält, und einen zweiten mit klarem Wasser, um Schwamm und/oder Mikrofaserwaschhandschuh immer wieder zu reinigen. Dies ist elementar wichtig um mögliche Waschspuren durch gelöste Schmutzpartikel zu verhindern.

Tränken Sie nun Ihr Waschwerkzeug mit reichlich Shampoowasser, und beginnen Sie mit der Reinigung aller horizontalen Flächen. Angefangen beim

Dach sollten Waschbewegungen stets ohne großen Druck erfolgen. Vor jeder erneuten Aufnahme von Shampoowasser ist der Schwamm bzw. Waschhandschuh im zweiten Eimer gründlich auszuspülen. Nur so bleibt das Waschwerkzeug immer sauber.

**PROFITIPP: Durch das sofortige Abspülen bereits gewaschener Teilflächen vermeiden Sie die Fleckenbildung durch angetrockneten Schmutz oder Shampooreste im Sommer.**

Sind alle horizontalen Flächen abgespült, können die Seitenflächen wie oben beschrieben gereinigt werden. Zum Abschluss sollten Sie das gesamte Fahrzeug noch einmal komplett abspülen. Ein Schlauch ohne Düse wirkt dabei vermehrter Tropfenbildung auf versiegelten Lackoberflächen entgegen – so lässt sich der Wagen später besser und schneller trocknen.

**WICHTIG: Schon vor dem Trocknen bitte prüfen, ob eventuell noch Insektenreste, Teer u.a. vorhanden sind. Auf einer noch nassen Oberfläche lassen sich diese mit Hilfe einer Reinigungsknete mühelos entfernen. Sollten die Oberflächen bereits angetrocknet sein, so feuchten Sie die nachzubearbeitenden Abschnitte mit einer Sprühflasche nochmals an. Die Knete nimmt bei diesem Arbeitsgang auch hartnäckige Rückstände problemlos auf und entfernt sie sicher von der Lackoberfläche.**

Zur anschließenden Trocknung ist wieder das richtige Hilfsmittel wichtig. Für alle Lackoberflächen geeignet sind das klassische Autoleder oder das Saugschwammtuch. Da Letzteres etwa 2 bis 3 Mal so viel Wasser aufnimmt wie das Leder, empfiehlt es sich besonders für die schnelle Trocknung im Sommer, bei der es darauf ankommt, unerwünschte Wasserflecken zuverlässig zu vermeiden. Trockentücher auf Mikrofaserbasis eignen sich besonders für sensible Lacke oder einen zweiten Trocknungsdurchgang, allerdings tragen sie, wie bereits erwähnt, bereits aufgebrachte Wachse minimal ab.

Wenn Sie alle Hinweise dieser Anleitung beherzigen, dürfte die nächste Wäsche bei Ihrem Fahrzeug keinerlei Spuren mehr hinterlassen. Durch die Auswahl der richtigen Arbeitsmittel und Shampoos bleiben die mühsam aufgebrachten Wachs- und Versiegelungsschichten auf Ihrem Fahrzeug länger erhalten. Aufwendige Polier- und Konservierungsarbeiten lassen sich so auf ein Minimum reduzieren. Ihr Fahrzeuglack wird es Ihnen mit dauerhaft strahlendem Glanz danken.

## HANDWÄSCHE IN EINER WASCHBOX

Bei dieser mit Hochdruckreiniger in einer Waschbox ausgeführten Handwäsche ist einiges zu beachten, um Fahrzeugoberflächen nicht zu schädigen. Halten Sie sich unbedingt an die vom Betreiber angegebenen Mindestabstände zwischen Hochdruckreinigerdüse und Fahrzeugoberfläche. Diese können bei verschiedenen Waschboxbetreibern unterschiedlich sein, da die Geräte mit unterschiedlichen Drücken betrieben werden. Das Hochdruckreinigen wird zwar auch im Profibereich zur wirksamen Schmutzentfernung eingesetzt, aber der erhebliche Wasserdruck kann, wenn er zu nah

**Arbeiten Sie bei der Hochdruckreinigung immer mit genügend Abstand.**

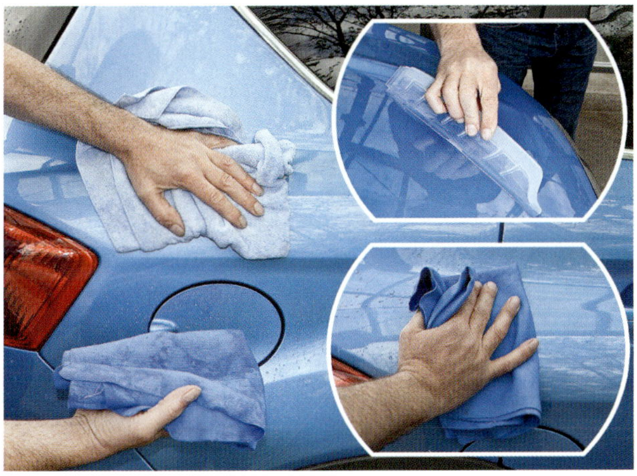

**Trocknen Sie, wenn kein Osmosewasser vorhanden ist, dass Fahrzeug umgehend.**

an die Oberflächen heran gebracht wird, diese auch massiv schädigen und im Extremfall sogar zerstören. Gerade Dichtungen aus Gummi sowie Reifenflanken und Kunststoffteile sind davon betroffen. Auch Lackschutzprodukte wie Wachs sind durch mit hohem Druck auftreffendes warmes Wasser schnell abgetragen.
Nun zur Arbeitsmethodik: Stellen Sie Ihr Fahrzeug mittig in der Box ab, um für den eigentlichen Waschvorgang rundherum genügend Platz zu haben. Beginnen Sie zunächst mit dem Vorwaschprogramm.

**PROFITIPP: Arbeiten Sie mit der Reinigungschemie stets von unten nach oben. So bleibt die anlösende Flüssigkeit des Vorwaschprogramms länger auf der Oberfläche haften.**

Dann warten Sie ein wenig, damit die Verschmutzung bis in die Tiefe gelöst wird. Anschließend gehen Sie zur eigentlichen Haupt- oder Hochdruckwäsche über, die aber wieder in gewohnter Logik von oben nach unten ausgeführt wird. Falls Sie eine Schaumreinigung vorziehen, weil das Fahrzeug stärker verschmutzt ist oder länger nicht mehr gewaschen wurde, bitte unbedingt darauf achten, dass eine ausreichende Menge Schaumlösung aus der Bürste tritt. Das ist sehr wichtig, um Spuren bei der Fahrzeugwäsche zu vermeiden. Auch sollten Sie schon vor dem eigentlichen Waschvorgang prüfen, ob die Bürste nicht etwa verschlissen ist und möglicherweise Schmutzspuren aufweist – bei gut geführten Anlagen sollte so etwas nicht vorkommen.

PREMIUM SHAMPOO
AUTO-KOSMETIK
Vorwäsche
Düsenabstand ca. 20-25 cm.
Einweichen mit Spezial-Vorwaschmittel.
100 sec. = 1 €
Schaumbürste
Bei statischer Aufladung und starker Verschmutzung.
Hochaktiver Schaum und lackschonende Weichbürste.
130 sec. = 1 €
Hauptwäsche
Düsenabstand ca. 5-10 cm.
Heißwasser mit Spezialseife zum Entfernen aller Verschmutzungen.
100 sec. = 1 €
Spülen
Düsenabstand ca. 30-50 cm.
Zum gründlichen Entfernen aller Waschmittelrückstände.
130 sec. = 1 €
Motorwäsche
Heißwasser mit Spezialseife.
Nach dem Waschen Glanzspülprogramm benutzen.
50 sec. = 1 €
Heißwachs
Düsenabstand ca. 50 cm.
Zur Konservierung und Werterhaltung Ihres Fahrzeuges.
70 sec. = 1 €
Glanzspülen
Düsenabstand ca. 50 cm.
Zur fleckfreien Glanztrocknung
100 sec. = 1 €
Stop
Not - Ausschalter bei Störungen aller Art

Haben Sie Ihr Fahrzeug nun gründlich gereinigt, sollten Sie sofort mit dem gewissenhaften Abspülen beginnen. Dabei bitte nicht an Flüssigkeit sparen, damit auch wirklich alle Shampoo- und Schmutzreste wirkungsvoll abgespült werden. Das in Waschboxanlagen eingesetzte Wasser ist meist ein Osmosewasser, um Fleckenbildung bei der Antrocknung zu vermeiden. Trotzdem sollten Sie im Anschluss die Fahrzeugoberflächen unbedingt von Hand trocknen um einer eventuellen Fleckenbildung in jedem Fall vorzubeugen.

## DIE AUTOMATISCHE WASCHANLAGE

Dort haben sich in den letzten Jahren die sogenannten Textilwaschanlagen für eine schonende Reinigung durchgesetzt. Deren Nutzung wird zum Teil auch von Fahrzeugherstellern empfohlen. Achten Sie aber bitte darauf, dass die Anlage einen gepflegten Eindruck macht, weil man dann meist davon ausgehen kann, dass sie mit sauberen und regelmäßig gewechselten Textilstreifen reinigt. Seriöse Anlagebetreiber arbeiten auch mit ausreichenden Wasser- und Schaummengen um die Fahrzeugoberflächen gründlich und zugleich schonend zu reinigen.
Zu einem guten Waschergebnis in einer Textilwaschanlage gehört aber auch die gründliche und gewissenhafte Vorwäsche, die vor der Einfahrt in die eigentliche Waschanlage stattfindet. Dort sollte gut geschultes Personal stehen, das der jeweiligen Karosserieform entsprechend arbeitet, und speziell bei für die Anlage ungünstigen Formen gründlich vorreinigt. Dazu gehört auch, den Fahrer bei ungünstig gestalteten Anbauteilen vor möglichen Beschädigungen zu warnen, ggf. Antennen zu entfernen, den Heckscheibenwischer zu schützen oder unter Heckspoilern vorsichtig von Hand vorzuwaschen. Sie

**Nach verlassen der Waschstrasse, eventuelle Wasserreste mit einem Trockentuch entfernen.**

sehen, Vertrauen in eine saubere und nach allen Qualitätsstandards geführte Anlage ist wichtig. Für Cabriobesitzer, deren Fahrzeug ein Stoff- oder Kunststoffverdeck besitzt, bieten Aral-Waschstraßen seit einiger Zeit ein spezielles Cabrio-Waschprogramm an. Es ist nicht auszuschließen, dass andere Betreiber zwischenzeitlich schon nachgezogen haben und ebenfalls solche Programme anbieten. Bei diesen Spezialprogrammen wird der Druck der Waschwerkzeuge sowie der Wasserdruck im Dachbereich deutlich vermindert, um schonender für das Gewebe bzw. das Kunststoffmaterial zu reinigen. Auch die Trocknung wird im Verdeckbereich optimiert eingesetzt um das Endergebnis zu verbessern. Die beim Waschvorgang eingesetzte Chemie soll überdies Cabrio tauglich sein und die Verdeckmaterialien nicht schädigen.

## Lackreinigung

Eine gründliche Lackreinigung besteht aus mehreren Schritten, und sollte immer gewissenhaft und mit genügend Zeit ausgeführt werden. Denn jede Bearbeitung einer Lackoberfläche führt unvermeid-

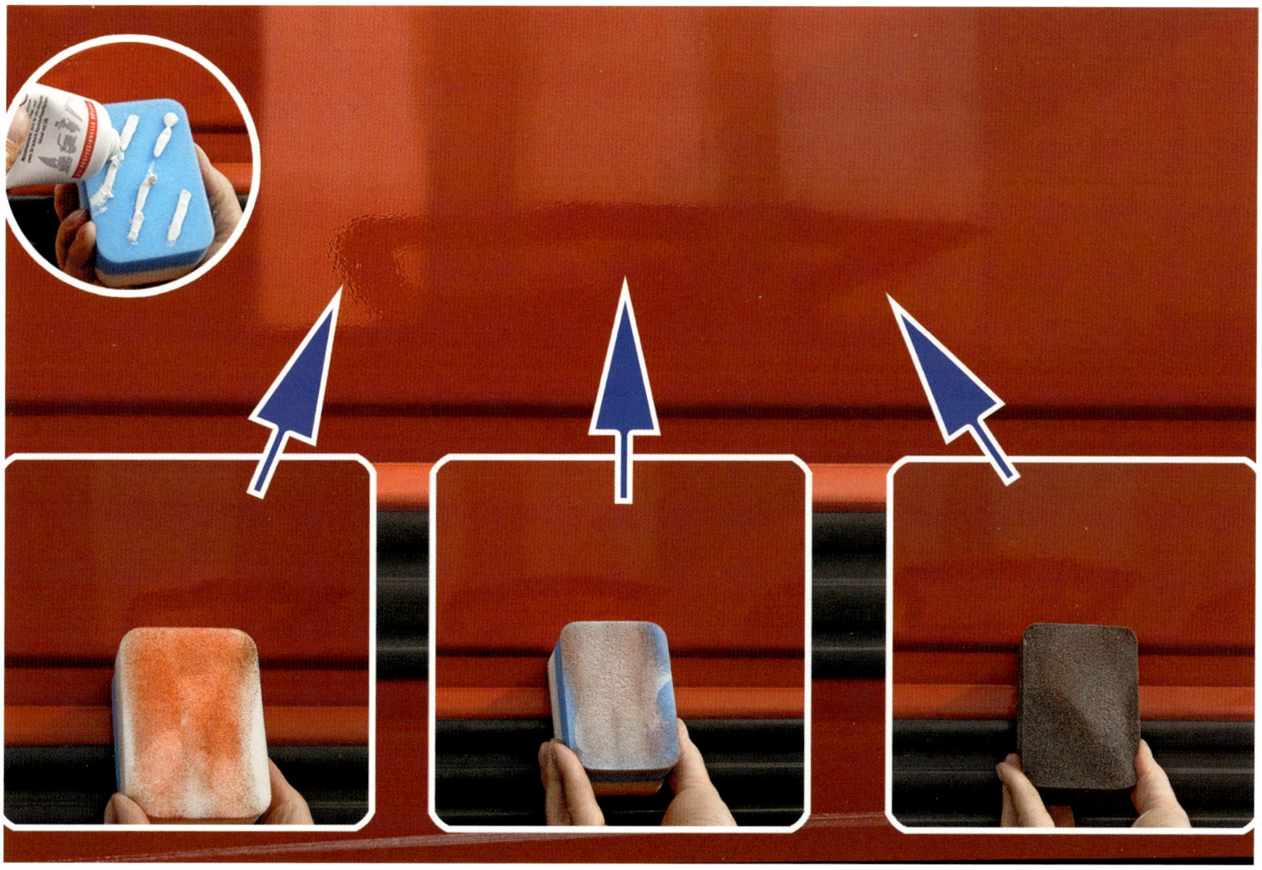

**Durch unterschiedlich weiche/harte Werkzeuge kann mit der gleichen Politur ein anderer Lackabtrag erreicht werden.**

lich zu Lackabtrag und kann Putzspuren hervorrufen. Moderne Fahrzeuglacke sind kaum stärker als ein Fingernagel, also insgesamt ca. nur ein Zehntel Millimeter dick – daran sollte man jederzeit denken, wenn Lack abtragende Polier- und Reinigungstechniken angewendet werden. Schließlich soll ja selbst nach mehrmaligem Einsatz wirksamer Lackreiniger noch etwas schützender Lack auf der Fahrzeugoberfläche vorhanden sein. Daher ist es wichtig, weder bei der Fahrzeugwäsche noch beim Polieren tiefe Spuren zu hinterlassen, die anschließend nur schwer und mit viel Verlust an Lacksubstanz wieder entfernt werden können.

Wenn der Lack älter ist und starke Gebrauchsspuren und Kratzer aufweist, kommt man um wirksame Lackreiniger nicht herum. Dabei sollte man aber zuerst stets mildere Varianten kombiniert mit weicheren Werkzeugen einsetzen, um den Lackabtrag so gering wie möglich zu halten – wie schon der

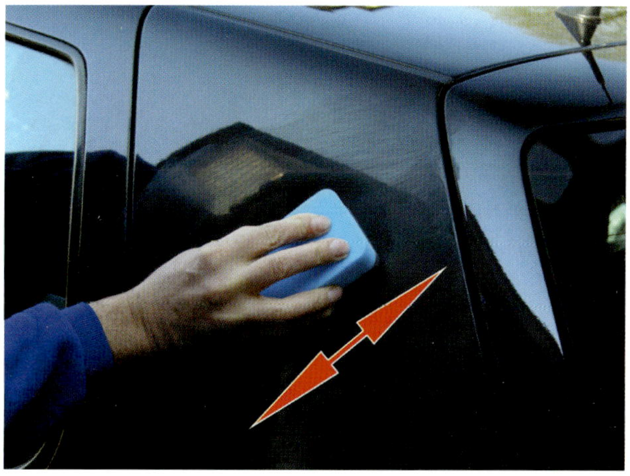

**Bei Waschstraßenspuren immer diagonal oder quer arbeiten.**

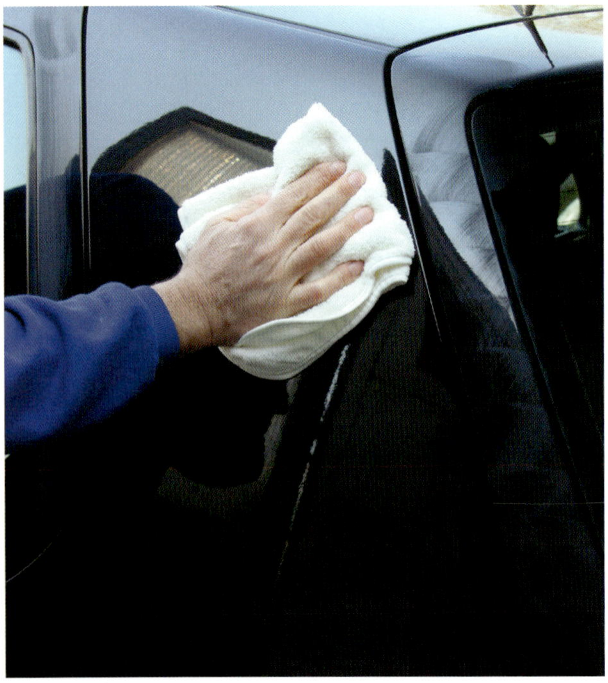

Volksmund sagt: „Nicht mit Kanonen auf Spatzen schießen“. Probieren und testen Sie Poliermittel niemals im Sichtbereich, Profis machen Ihre Versuche auch immer erst auf der Beifahrerseite im unteren Fahrzeugbereich.

Vor jeder Bearbeitung einer Lackoberfläche müssen Sie das Fahrzeug wie oben beschrieben sehr gründlich waschen, um nach Möglichkeit alle auf der Lackoberfläche befindlichen Verschmutzungen wirkungsvoll zu entfernen. Anschließend trocknen Sie die Fahrzeugoberflächen – und dann ist Ihr Feingefühl gefragt. Fühlen Sie, ob die Lackoberfläche glatt ist wie eine Glasscheibe. Wenn nicht, müssen wir die Lackoberfläche erst von festsitzenden Partikeln befreien. Dazu nehmen wir eine Reinigungsknete, eine Sprühflasche mit Wasser und einem kleinen Spritzer Autoshampoo oder Seife. Damit besprühen wir – meist sind es ja horizontale Flächen – einen kleinen Bereich und schieben jetzt die Reinigungsknete leicht und ohne Druck über die Oberfläche. So entfernen wir Ablagerungen wie Bremsstaub, Baumharze, Insektenreste usw. Dieser Arbeitsschritt ist äußerst wichtig, weil wir beim Polieren sonst diese gröberen Partikelchen lösen und über den Lack schieben würden. Mit möglicherweise fatalen Folgen: Es könnten Spuren und Kratzer verursacht werden. Also grundsätzlich bitte nur auf glatten, glasartigen Oberflächen arbeiten, weil jegliche Ablagerungen im Arbeitswerkzeug unweigerlich zu Kratzspuren, Hologrammen oder Haarlinienkratzern führen.

**Zur Lackpflege niemals Haushaltstücher mit harten Kanten verwenden.**

Nachdem, falls nötig, die Lackoberfläche mechanisch durch die Knete gesäubert worden ist, können wir mit der eigentlichen Lackreinigung oder Lackpolitur beginnen. Zunächst unterziehen wir den Lack einer Sichtkontrolle. Dies kann in der Sonne oder mittels einer starken Kunstlichtquelle geschehen. Grelles Licht, etwa Sonnenlicht oder Kunstlicht, macht Spuren in der Lackoberfläche sichtbar, und hilft uns die Entscheidung zu treffen, ob wir einen Lackreiniger oder nur eine mildere Politur einsetzen müssen, um diese Spuren zu entfernen. Muss der Lack gereinigt werden, sind also starke Spuren und deutliche Mattigkeiten zu erkennen, dann probieren wir es erst mit einem milderen Lackreiniger und einem mittelharten Werkzeug. Da beim Prozess der Lackreinigung sämtliche unerwünschten Spuren und Mattigkeiten entfernt werden sollen, empfiehlt es sich auszuprobieren, mit welchem Produkt und mit welchem Werkzeug man das optimale Ergebnis in einem Arbeitsgang erreichen kann. Denn: Je weniger Spuren bei der eigentlichen Lackreinigung entstehen, desto weniger muss man hinterher im zweiten Schritt, dem Polierprozess, wieder entfernen.

Arbeiten Sie beim Auftrag des Lackreinigers immer in geraden Bewegungen gegen die vorhandenen Spuren und nicht zu großflächig. Nehmen Sie sich lieber kleine Sektionen gewissenhaft und ohne Hektik vor und entfernen Sie dabei überschüssige Flüssigkeit möglichst noch bevor sie antrocknet.

**WICHTIG:** Flüssige Lackreiniger gibt es im Fachhandel für die Anwendung per Hand. Wenn Sie mit einer Maschine arbeiten wollen, müssen Sie im Profibereich nach Schleifpasten oder Schleifpolituren schauen.

Generell kann man sagen: Lackreiniger haben einen größeren Anteil gröberer Schleifmittel und wirken dadurch sehr effektiv. Solche Mittel niemals großflächig verarbeiten und antrocknen lassen, denn das ausgehärtete Produkt, mit all seinen nicht zerriebenen Schleifmitteln, hinterlässt hässliche Spuren beim druckvollen Abtragen und Auspolieren. Wenn Ihnen also einmal etwas Lackreiniger oder auch Politur antrocknet, sprühen Sie einfach etwas Wasser auf. So lässt sich das Produkt leichter wieder entfernen. Um ein vorzeitiges Antrocknen der Poliermittel und das Verdunsten wichtiger Inhaltsstoffe zu vermeiden noch einmal der dringende Rat, ausschließlich auf kühlen Lackoberflächen zu arbeiten.

Sollten vereinzelt tiefere Lackdefekte auftauchen, muss mit einem wirksamen Kratzerentferner oder einer Schleifpaste vorgearbeitet werden. Mehr dazu im Kapitel Lackdefekte.

Am Ende einer jeden Lackreinigung steht die Lackpolitur, um feinste Spuren der ersten Bearbeitung wirkungsvoll zu entfernen und Tiefenbrillanz sowie einen hohen Glanzgrad zu erzeugen.

## Lackpolitur

Die Lackpolitur stellt die mildeste Art der Lackauffrischung dar und entfernt Glanzschleier sowie feinste mechanische Spuren. Mit ihrer Hilfe sind wirklich nur kleinste Bewitterungs- und Gebrauchsspuren zu entfernen. Der Polierprozess mit solch milden Polituren ist sehr Lack schonend und reicht oft aus, um einem gut gepflegten Lack wieder neuwertiges Aussehen zu verleihen. Er ist ideal, um gerade bei dunklen, sensiblen Lacken Glanz und Brillanz zu steigern und die Lackoberflächen für eine erneute Lackkonservierung vorzubereiten.

Auch die Lackpolitur stets nur auf kleinen Teilsegmenten und nur mit leichtem Druck verarbeiten, anschließend sofort mit geeigneten weichen Mikrofasertüchern aufpolieren. Angetrocknete Polituren erfordern einen größeren Druck beim Abtragen und Auspolieren und hinterlassen dadurch meist sichtbare Spuren. Im Handel sind mittlerweile Kombiprodukte erhältlich, also Polituren, die gleichzeitig den Lack durch Wachsanteile schützen. Diese müssen etwas antrocknen, damit der Lackschutz aushärtet. Also immer auch auf die Anwendungsempfehlungen der jeweiligen Hersteller achten. Wer einen längeren Lackschutz wünscht sollte auch bei diesen Produkten eine zusätzliche Schicht Wachs auftragen.

Bei dunklen Lacken sollte man immer erst einmal testen, welches Produkt mit welchem Werkzeug das optimale, d.h. ein spurenfreies Ergebnis bringt. Auf ganz sensiblen Lacken erzielt man durch den Einsatz feuchter Schwämmchen, die ein noch milderes Arbeiten ermöglichen, beste Ergebnisse. Unterschätzen Sie beim Poliervorgang nicht die Bedeutung der eingesetzten Tücher, weil auch diese für spurenfreie Ergebnisse sauber und weich sein sollten. Achten Sie bitte generell darauf, beim Polieren alle Arbeitsschritte nur mit sehr wenig Druck auszuführen, und ausschließlich auf wirklich sauberen, ablagerungsfreien Lackoberflächen zu arbeiten.

**PROFITIPP:** Halten Sie für alle Arbeitsschritte der Lackaufbereitung immer genügend saubere Schwämmchen und Tücher bereit, damit am Ende ein perfektes Ergebnis steht.

## Lackfolien

Schon seit einigen Jahren liegen aufklebbare Lackfolien auch bei Privat-Pkw sehr im Trend. Wurden sie früher fast ausschließlich bei Dienstfahrzeugen, etwa der Polizei, oder bei Taxis eingesetzt, so hat jetzt auch die Tuningbranche die Folien entdeckt. Der Hintergedanke der Folienbeschichtung ist ganz einfach: Wer sie benutzt, kann den Originallack des Fahrzeugs erhalten, und muss beim Wiederverkauf keinen zusätzlichen Wertverlust befürchten.

Bei den verklebten Folien handelt es sich um Glanz- oder Mattfolien. Glänzende Folien sind pflegetechnisch dem Autolack sehr ähnlich und sollten, je

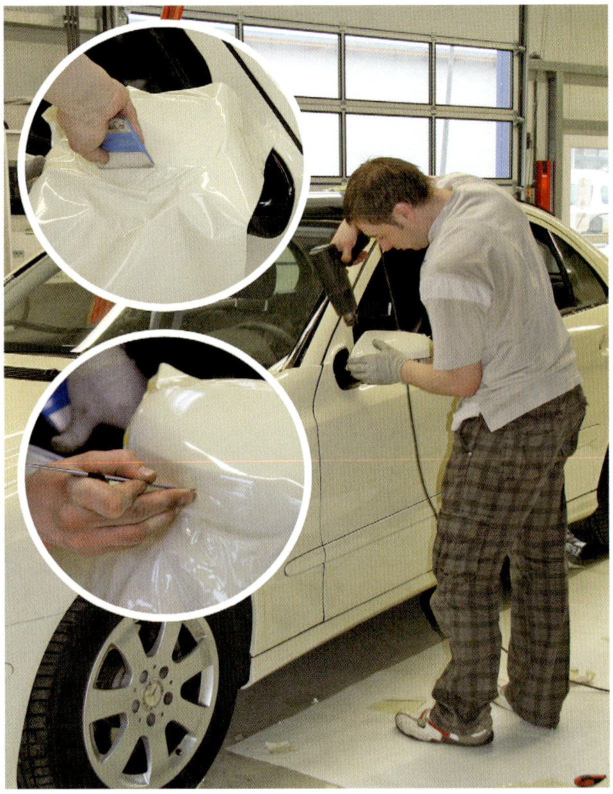

nach Folienherstellerangaben, alle 2 bis 3 Monate mit einem Wachs gegen Bewitterung und Tiersekrete geschützt werden. Auch lassen sich Mattigkeiten und feine Waschanlagen-Spuren mit milden Poliermitteln entfernen – ganz wie bei lackierten Oberflächen. Aber Vorsicht, das Polieren von Folien mit Maschinen ist problematisch, weil sie sensibel auf Hitze reagieren und sich Blasen bilden oder Schrumpfungen entstehen können. Auch das Säubern mit Hilfe von Hochdruckreinigern und heißem Wasser ist für folienbeschichtete Fahrzeuge problematisch, da sich Schnittkanten ablösen können. Generell gilt also: vorsichtig reinigen und polieren, aber mit den gleichen Mitteln wie sie für lackierte Fahrzeugoberflächen empfohlen werden.

Festsitzende Verschmutzungen, die sich nicht durch eine Wäsche allein entfernen lassen, können vorsichtig mit Brennspiritus und einem weichen Tuch gelöst werden. Auf Folienoberflächen bitte niemals aggressive Flüssigkeiten wie Benzin oder Verdünnung zur Reinigung verwenden. Wenn Sie folienbeschichtete Fahrzeugoberflächen durch ein Wachs immer gut schützen, sind sie bei regelmäßiger Pflege leicht zu reinigen.

Matte Folienoberflächen sollten genauso vorsichtig gereinigt werden wie glänzende, mit warmem Sei-

fenwasser lassen sich generell fast alle Verschmutzungen entfernen. Wer anschließend die Oberfläche mit einem feuchten Mikrofasertuch und etwas aufgesprühter Mattlackpflege bearbeitet, schützt diese wirkungsvoll und sorgt dafür, dass sie sich einfacher reinigen lässt, weil sich erneute Verschmutzung nicht so leicht festsetzen kann.

## Lackversiegelung

Da Fahrzeuglacke durch die umweltschutzorientiertere Gesetzgebung der letzten Jahre nicht widerstandsfähiger, sondern sensibler geworden sind, ist eine wirksame Lackversiegelung als Schutzmaßnahme außerordentlich wichtig. Bei den heute noch verfügbaren, d. h. zulässigen Lackrezepturen konnten die Automobilhersteller zwischen besserer mechanischer (Kratzresistenz und Steinschlagfestigkeit) oder chemischer (Tiersekrete, Baumharze und Chemikalien) Resistenz wählen. Man hat sich in der jüngeren Vergangenheit überwiegend für eine höhere mechanische Belastbarkeit entschieden, weil

**Wachse mit weichen Werkzeugen in überlappenden Bewegungen dünn auftragen.**

**Das sehr dünn und gleichmäßig aufgetragene Wachs lässt sich mühelos aufpolieren.**

Waschstraßen und hohe Geschwindigkeiten den modischen dunklen Lackoberflächen sehr zusetzen.

Daraus erwächst aber nun das Problem, dass z. B. Vogelkot, Insektenkot oder Baumharze sich schon nach wenigen Stunden auf ungeschützten Lackoberflächen verewigen. Zum Beispiel kann mehrere Tage auf einem Fahrzeuglack verbleibender Vogelkot bis zur Grundierung hindurch ätzen, und eine Neulackierung des entsprechenden Oberflächenabschnitts erforderlich machen. Regelmäßig erneuerter und gepflegter Lackschutz durch Wachs oder Versiegelung ist heute mehr denn je notwendig.

Grundsätzlich gibt es drei Produktgruppen, mit denen sich Lackoberflächen gegen äußere Einflüsse jedweder Art mehr oder weniger wirksam schützen lassen. Dabei spielt auch die Frage eine Rolle, wie ich mein Fahrzeug benutze und in welchen Zeitabständen ich es pflegen oder nachbehandeln kann.

Beginnen wir mit der ältesten Form des Lackschutzes, dem Wachs. Heute wird Wachs zum größten Teil künstlich hergestellt, und nur in hochpreisigen Produkten finden wir noch das härteste Naturwachs, das Canaubawachs. Wachse haben eins gemeinsam: Sie sind einfach zu verarbeiten, bewirken einen schönen Tiefenglanz und sind auf allen Lacken verwendbar. Es gibt Wachse in flüssiger und in Pastenform, wobei nach meiner persönlichen Erfahrung Pastenwachse in der Regel etwas länger halten und schützen. Flüssige Varianten arbeiten auf sensiblen putzempfindlichen Lacken jedoch nahezu spurenfrei, da sie sich meist viel leichter und ohne Druck auftragen und anschließend polieren lassen.

Bei dunklen und sehr sensiblen Lackoberflächen trage ich z. B. das Pastenwachs nur auf kleineren

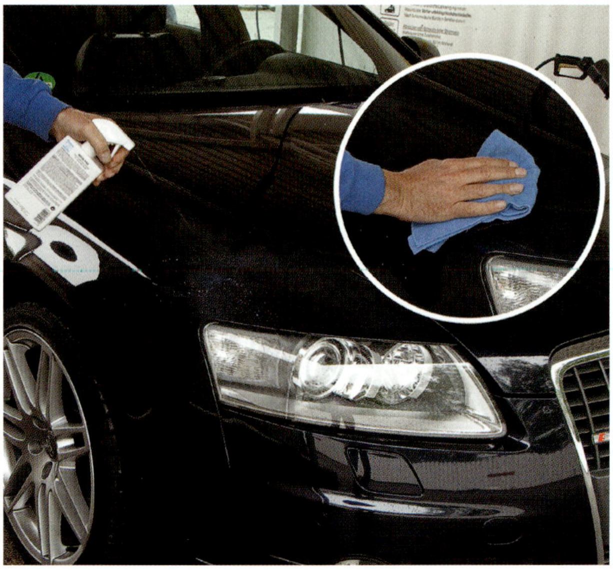

Flächen, etwa einer Haube oder Tür dünn und mit einem sehr weichen Schwämmchen auf, lasse es nur sehr kurz antrocknen und poliere es mit zwei extra weichen Tüchern direkt auf Hochglanz. Würde ich zuerst das ganze Fahrzeug mit Wachs beaufschlagen, würde dieses komplett aushärten und ich könnte beim Auspolieren nur mit Druck arbeiten, wodurch dem Lack schon wieder feinste Spuren zugefügt würden. Nachteil beim Auspolieren eines noch weichen Wachses: Die aufgebrachte Schichtstärke ist sehr gering und es ist nötig, eine zweite Wachsschicht aufzulegen, um eine gute Konservierung zu erhalten. Als Alternative kann man Flüssigwachs auch öfter auftragen und zwischendurch mit Sprühwachsen auffrischen.

Einen Nachteil haben Wachse generell. Sie sind grundsätzlich eher weich und lassen sich durch wenige Wäschen schnell wieder abtragen. Gute Wachse halten bei Handwäschen ca. 2 bis 3 Monate, sehr gute auch nicht länger als maximal 6 Monate, je nach Beanspruchung. Bei älteren Unilacken sind Wachse aber immer noch die beste Wahl.

## AUF EINEN BLICK:
### VOR- UND NACHTEILE VON WACHSEN

**VORTEILE:** Sehr einfache Verarbeitung, füllt gut feinste Spuren.
**NACHTEILE:** Nicht sehr waschstabil, daher geringe Haltbarkeitsdauer.
**WASCHEMPFEHLUNG:** Handwäschen mit weichen Werkzeugen.

Konventionelle Lackversiegelungen bilden die zweite Produktgruppe. Dabei handelt es sich um chemische Produkte, die zum Teil Polymer-, Polymexan- oder PTFE-basiert sind. Sie zeichnen sich gegenüber Wachsen durch eine länger andauernde Schutzwirkung aus. Ein weiterer Vorteil ist, dass solche Versiegelungen mechanisch belastbarer sind

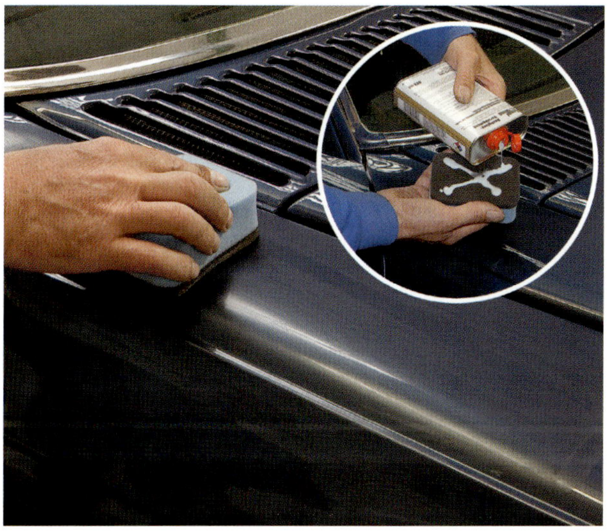

**Spezielle Lackversiegelungen immer genau nach Herstellerangaben verarbeiten.**

und deutlich mehr Wäschen standhalten. Wer also generell weniger Zeit für Pflege und Lackschutz hat, sollte eine Lackversiegelung wählen.

Gute Versiegelungsprodukte traditionellen Zuschnitts lassen sich zum Teil sogar noch einfacher verarbeiten und aufpolieren als Wachse und versiegeln eine Lackoberfläche bis zu einem Jahr lang. Jedoch sollte der Untergrund gerade bei dunklen Lacken gut aufpoliert werden, da Versiegelungen feine Spuren in der Regel nicht so gut abdecken wie Wachse. Versiegelungen schützen die Lackoberfläche meist auch besser und länger bei Verschmutzungen durch Tiersekrete und Baumharze. Auch Profibetriebe haben in ihrer Arbeitspraxis festgestellt, dass Lackversiegelungen die behandelten Oberflächen nicht nur deutlich länger, mit einem größeren Glanzgrad und verbesserter Waschbarkeit geschützt haben als Wachse. Sie lassen sich zudem mit weichen Polierschaumstoffen sehr leicht auftragen und anschließend ohne Druck mit guten Mikrofasertüchern auspolieren.

## AUF EINEN BLICK:
### VOR- UND NACHTEILE VON EINFACHEN LACKVERSIEGELUNGEN

**VORTEILE:** Deutlich verbesserte Haltbarkeit, einfache Verarbeitung, größere mechanische Belastbarkeit.
**NACHTEIL:** Zum Teil mehrfacher Auftrag nötig.
Waschempfehlung: Handwäsche und Waschbox.

Die dritte Produktgruppe ist zugleich die neueste und innovativste: die High-tech-Versiegelung. Diese aus einer oder zwei Komponenten bestehenden Lackschutzsysteme, gemeinhin auch als Nanoversiegelung oder Versiegelung mit Lotuseffekt bekannt, wurden im Profibereich auch mit Schlagworten wie „Easy to Clean"-Effekt beworben. Manche dieser Produkte werden dem Endverbraucher mit einem Haltbarkeitsversprechen von ein bis zwei Jahren angeboten.

Technisch betrachtet verändern diese High-tech-Versiegelungen die Oberflächenstruktur so, dass sie zum Teil eine geringere Schmutzanhaftung zulässt oder einfacher zu reinigen ist. Auch zeichnen sich manche Zweikomponentenprodukte im Profibereich durch eine höhere mechanische Belastbarkeit aus, was zu geringerer Spurenbildung durch Fahrzeugwäschen führt. Eines aber haben alle diese Produkte gemeinsam: Die Lackoberfläche muss sehr penibel und gründlich vorbereitet werden, am besten mit silikonfreien Profipolituren. Darüber hinaus sollte die polierte Oberfläche keinerlei Spuren mehr aufweisen, weil diese nach der Versiegelung in der Sonne sichtbar werden. Vor allem bei Fahrzeugen mit dunkler Lackfarbe sollte mit sehr großer Sorgfalt gearbeitet und das Polierergebnis in der Sonne oder mit einer starken Lichtquelle kontrolliert werden, bevor die Lackversiegelung aufgetragen wird.

## AUF EINEN BLICK:
### VOR- UND NACHTEILE DER HIGH-TECH-VERSIEGELUNGEN

**VORTEIL:** Zum Teil sehr gute Dauerhaltbarkeit.
**NACHTEIL:** Sehr aufwendige Verarbeitung.
**WASCHEMPFEHLUNG:** Waschen nach Herstellerangaben auf den Produkten.

## Lederpflege und Auffrischung

Über die grundsätzliche Problematik der sachgemäßen Pflege moderner Lederinnenausstattungen habe ich am Anfang des Buches schon einige Worte verloren. Im folgenden Kapitel geht es nun im Detail um die besondere Reinigung, Pflege und Auffrischung solcher Ausstattungen.

In den vergangenen Jahren hat sich aus Umweltschutzgründen zum einen das Gerbverfahren des Leders bei der Herstellung (Bearbeitung von Häuten) für die Automobilindustrie geändert, zum anderen ist die Farbbeschichtung (Zurichtung) nun zum Teil auf Wasserbasis umgestellt. Die größten Probleme dieser nun deutlich sensibleren Innenausstattungsoberflächen sind – wie bereits angedeutet – Abriebschäden an den Einstiegsflanken der Sitze, Abfärbeeffekte durch (feuchten) Jeansstoff auf hellen Lederausstattungen sowie Farbablösungen durch Handschweiß an Lenkrädern und lederbezogenen Schalthebelknäufen. Auch sollte man wissen, dass Einwirkungen durch intensive Sonnenbestrahlung oder Nässe zu irreparablen Schäden bei diesen neuen Fahrzeugledern führen können, übrigens ebenso wie der Einsatz ungeeigneter Reinigungs- und Pflegemittel. Nachfolgend möchte ich Ihnen die verschiedenen Arten der Lederreinigung und -pflege bis hin zum Abriebschutz im Einzelnen vorstellen.

In Sachen Pflege unterscheidet man zwischen Oberflächen- und Tiefenpflege. Oberflächenpflege schützt das Leder vor schädlichen UV-Strahlen und Feuchtigkeit. Die Tiefenpflege dagegen zieht in die Haut ein, kompensiert den generellen Feuchtigkeitsverlust des Leders und stellt die erforderliche Geschmeidigkeit wieder her. Durch Sonneneinwirkung, Heizungsluft und die Wärme der Sitzheizung verdunsten nämlich die im Leder enthaltenen Öle und sonstigen Inhaltsstoffe und machen es trocken und im Lauf der Zeit brüchig.

Eine schonende und zugleich wirksame Reinigung moderner Fahrzeugleder wird vorzugsweise feucht und durch Schaumprodukte vorgenommen. Richtige Nässe, d.h. ein Übermaß an Feuchtigkeit, kann dagegen ein Fahrzeugleder nachhaltig schädigen. Es ist deshalb wichtig, wirklich nur mit leichter Feuchtigkeit zu reinigen und anschließend sofort trocken zu reiben. Weiterhin sollte man immer zuerst mit einem milden Reiniger beginnen und nur im Bedarfsfall ein stärker wirkendes Produkt einsetzen. Und: Probieren Sie jeden Reiniger, den Sie verwenden möchten, erst einmal an einer verdeckten Stelle aus und nicht im Sichtbereich. Sie müssen sicherstellen, dass er keinerlei Abfärbung oder sonstige negative Effekte bewirkt.

Jede Lederreinigung beginnt mit dem sehr, sehr gründlichen Absaugen der kompletten Struktur eines Ledersitzes. Entscheidend ist dabei, dass auch feiner Schmutz und Sandpartikel aus allen Falten, Ritzen und Nähten entfernt werden. Eine alte Zahnbürste ist hilfreich, festsitzende Partikel in Vertiefungen und Falten zu lösen, so dass diese durch Saugen entfernt werden können. Generell ist es empfehlenswert, im Wochenrhythmus den Sitzbereich sorgfältig abzusaugen, weil Sandpartikel in Falten die Farbschicht beschädigen und zum Teil sogar durchschleifen können.

Sobald alle losen Schmutzpartikel beseitigt sind, beginnt man mit der schonenden Entfernung fester Oberflächenverschmutzung. Dazu nimmt man vorzugsweise ein kleines, mit Baumwolle umnähtes Schwämmchen zur Hilfe, weil langfaseriges weiches Baumwollmaterial eine strukturierte, narbige Lederoberfläche sehr gut reinigen kann. Neben dem Fahrzeug sollte ein Eimer mit handwarmem Wasser stehen, in dem sich das verschmutzte Schwämmchen zwischendurch reinigen lässt. Nun kann's losgehen. Das Schwämmchen anfeuchten und auswringen, anschließend etwas Reinigungsschaum aufgeben. Beim Reinigen immer nur kleine Teilbereiche des Sitzes mit dem Schaum abreiben, dann mit einem weichen Baumwolltuch nachwischen, um gelösten Schmutz und Feuchtigkeit sofort aufzunehmen. Wenn sich bei hellem Leder der Reinigungserfolg nicht beim ersten Durchgang einstellt (meist ist das auf den Sitzflächen der Fall), dann in einem zweiten Durchgang mit mildem oder stärkerem Reiniger nacharbeiten. Nach Abschluss des Reinigungsvorgangs alles wieder gut durchtrocknen lassen.

**WICHTIG:** **Bei allen Reinigungsarbeiten auf Lederoberflächen nur feucht und niemals tropfnass arbeiten, weil Letzteres auf älteren oder perforierten Sitzledern sofort Aufquellungen und anschließend Schrumpfungen bewirken kann.**

effax
Leder-Comb
COLOURLOCK
Glattleder
COLOURLOCK
Glattleder
LEXOL
Leather Cleaner
LEXOL

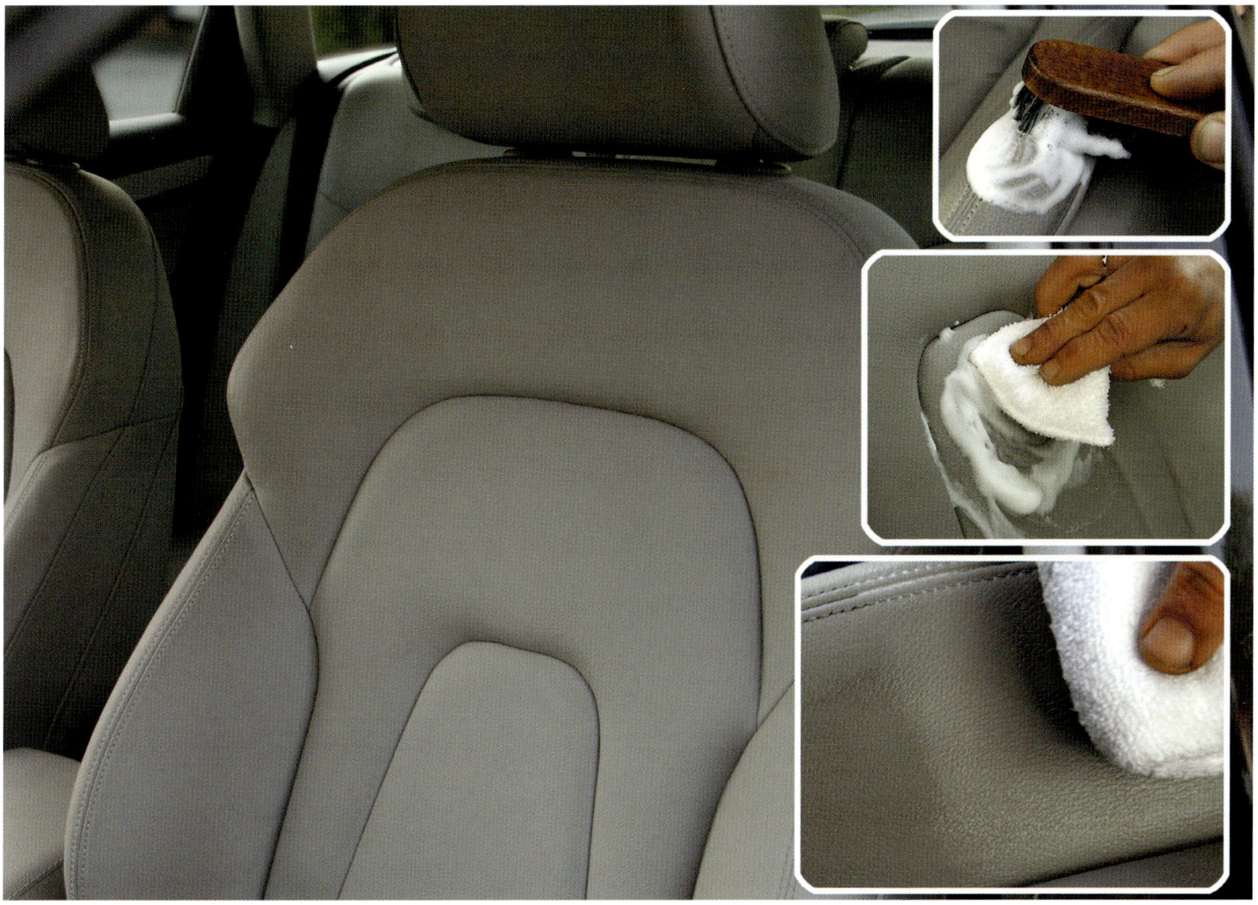

**Bei strukturierten und genarbten Lederoberflächen, den Reinigungsschaum mit Bürste oder schlaufiger Baumwolle verarbeiten.**

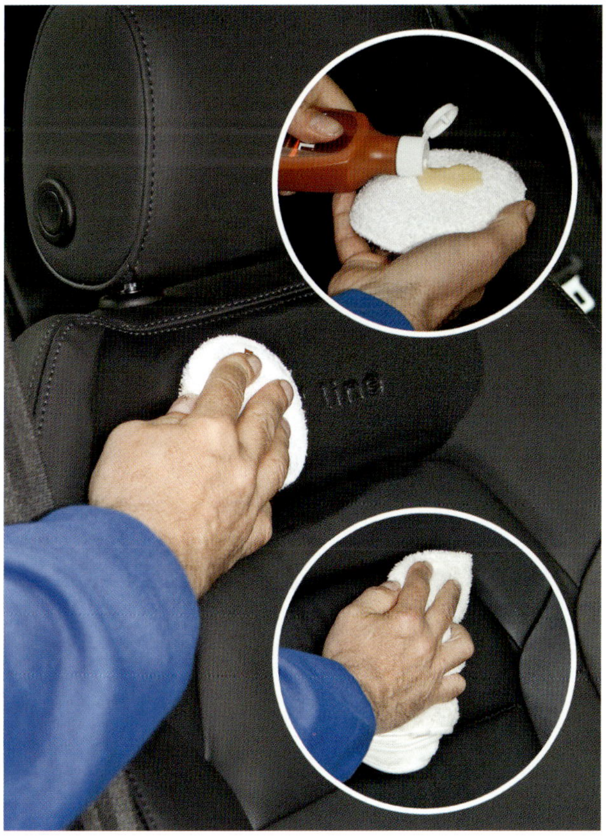

Lederfachleute empfehlen, anschließend generell eine Versiegelung aufzutragen, vor allem natürlich im besonders stark beanspruchten Bereich der Sitzwangen und -flächen. Diese Lederversiegelung stets dünn auftragen und je nach Witterung eine halbe bis eine Stunde trocknen lassen. Der Einsatz eines Haarföns verkürzt die Wartezeit deutlich. Anschließend können alle Lederoberflächen – ebenfalls dünn und gleichmäßig – mit einem Produkt namens „Leder Protector", einer leichten Pflege mit UV-Schutz, die eine matte Oberflächenoptik ergibt, bearbeitet werden.

Ist die zu bearbeitende Lederausstattung älter, nicht mehr recht geschmeidig und bereits einigermaßen strapaziert, muss zuvor die Tiefenpflege zur Anwendung kommen. Wir gehen bei der Reinigung zunächst ähnlich vor, gründlich absaugen, mit wenig Feuchtigkeit und einem Schaumprodukt arbeiten, abschließend mit einem Tuch antrocknen. Auf das noch restfeuchte Leder wird dann die Lederpflege (eine Ölemulsion) dünn aufgetragen. Falls nötig sollte nach einer Stunde, besser am nächsten Tag, die

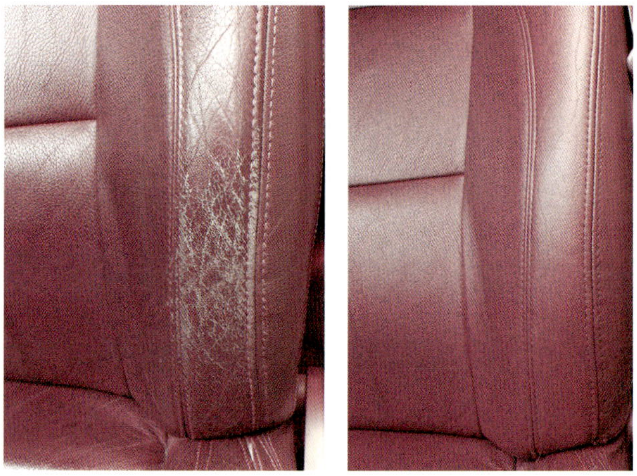

**Verschlissene Einstiegskanten können wieder nachgetönt und versiegelt werden.**

**Auch solche Abnutzungen bei älteren Ledersitzen können mit der Tönung repariert werden.**

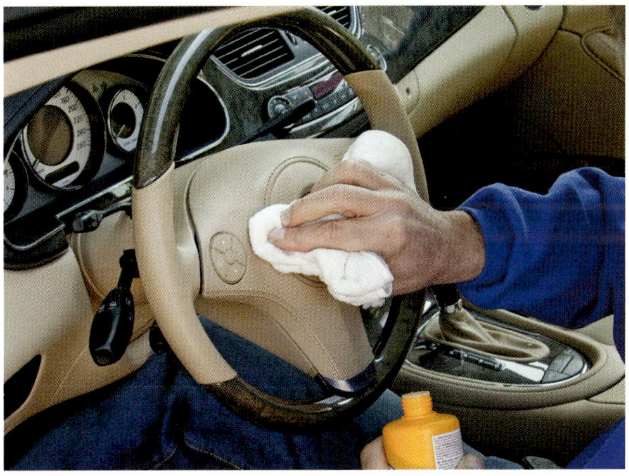

Pflege erneut, aber wieder nur dünn aufgetragen werden. Überschüssig verabreichte Pflegeflüssigkeit stets nach 10 bis 15 Minuten mit einem trockenen Baumwolltuch abtragen. Am Ende der Behandlung sollte sich das Leder wieder angenehm anfühlen, auf Druck mit dem Finger nachgeben und keine harten Falten mehr werfen. Auf diese Weise kann man – in Abhängigkeit vom Grad der Vernachlässigung – die Weichheit des Leders wiederherstellen.

Weiterer Problembereich einer Lederausstattung sind Lenkrad und Schalthebelknauf mit Lederbezug. Da diese Lederoberflächen häufig lang anhaltend Kontakt mit Handschweiß haben, sind sie besonders gefährdet. Der durch die Farbschicht eindringende Handschweiß zerstört mit seinen Bakterien die Antioxidantien im Leder und lässt es aufquellen. Als nächstes löst sich die Farbschicht an den Kontaktstellen und das Leder wird unansehnlich. Wird dann immer noch nichts unternommen, verfällt das Leder irreparabel und muss ausgetauscht werden.

DEKRA

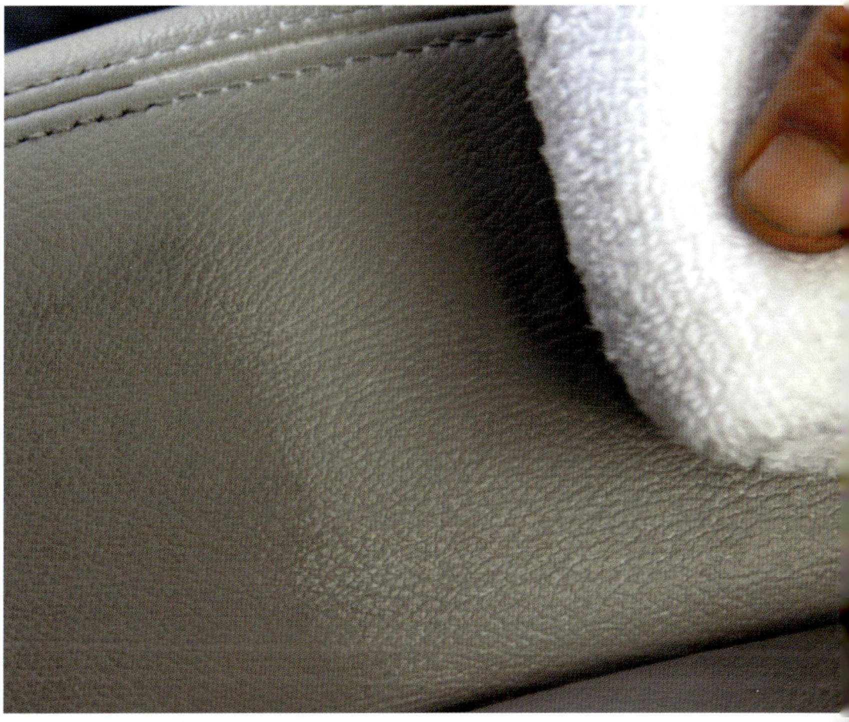

Neue lederbezogene Bedienelemente wie Lenkrad und Schalthebel sollten also unbedingt mit einer Lederversiegelung geschützt werden.

**PROFITIPP:** Eine Alternative sind hier Spezialprodukte aus dem Reitsport. Sie reinigen Leder und pflegen es zugleich – und zwar fettfrei. Schließlich darf ein Lenkrad nicht rutschig werden sondern muss immer festen Griff bieten. Eine besondere Stärke dieser Produkte ist, dass sie das Eindringen von Schweiß und Feuchtigkeit verhindern und so das Leder an diesen stark beanspruchten Stellen widerstandsfähig machen. Auch gefährdete Bereiche am Armaturenbrett oder Türverkleidung können mittels solcher Produkte geschützt werden.

dertönung gründlich schütteln und sparsam auf ein kleines Schaumstoffschwämmchen auftragen. Bei nur leichter Abschürfung dünn über die betroffene Stelle wischen, bei komplett abgetragener Farbschicht etwas Tönung auf das rohe Leder auftupfen. Danach das Produkt antrocknen lassen und mit einem Haarfön endgültig durchtrocknen. Anschließend eine weitere Schicht auftragen – aber wieder nur sehr dünn und gleichmäßig. Diese Prozedur so lange wiederholen, bis die Reparaturstelle nicht mehr erkennbar ist und kein Naturleder mehr durchscheint. Am Schluss sollte die Schicht ca. eine Stunde durchtrocknen, bevor diese dann vorsichtig und nur sehr dünn mit der Lederversiegelung und „Leder Protector“ geschützt wird. Wer sich eine

Sollte z. B. im Einstiegsbereich die Farbschicht des Leders beschädigt und abgetragen sein, gibt es dennoch Möglichkeiten zur unaufwändigen Reparatur. Benötigt wird hierzu die gezeigte Ledertönung (Abb. S. 39 oben). Soll die Reparatur lange halten, ist zunächst wieder ein gründlicher Reinigungsprozess erforderlich, ganz besonders wenn es sich um an sich gut gepflegtes oder erst kürzlich mit Ölen oder Lederfett behandeltes Leder handelt. Diesmal sollte man jedoch einen starken Lederreiniger einsetzen. Falls im Bereich der Reparaturstelle das Leder aufgeraut ist, kann dies vorsichtig mit einem Lederschleifpad (Korn 600 oder 800) geglättet werden. Danach die zu reparierende Stelle gründlich und mehrmals mit einem milden Leder- oder Reinigungsbenzin sowie einem weichen Baumwolltuch großflächig entfetten.
Nun kann man die Bearbeitung der beschädigten Lederoberfläche beginnen. Dazu die passende Le-

solche Reparatur nicht selbst zutraut, sollte einen entsprechenden Fachbetrieb aufsuchen. Schließlich geht es darum, wieder Spaß an einer makellosen Lederausstattung zu haben.

## Polster- und Innenreinigung

Die immer noch am weitesten verbreitete Variante der Innenraumausstattung sind Sitzbezüge aus Stoff und Synthetik, z. B. Alcantara. Stoffsitze sind in der Regel pflegeleicht und lassen sich einfach und ohne großen Aufwand reinigen. Nur bei hellen Stofffarben oder Kunstfasern wie Alcantara muss mit größerer Sorgfalt und Spezialreinigungsmitteln vorgegangen werden. Naturgemäß neigen helle Stoffe eher zu schneller Verschmutzung, aber auch Abfärbungen von Jeans oder Lederbekleidung sind hier ein häufiges Problem. Weitere Themen dieses

**Losen Schmutz erst einmal mit Bürste und Sauger entfernen.**

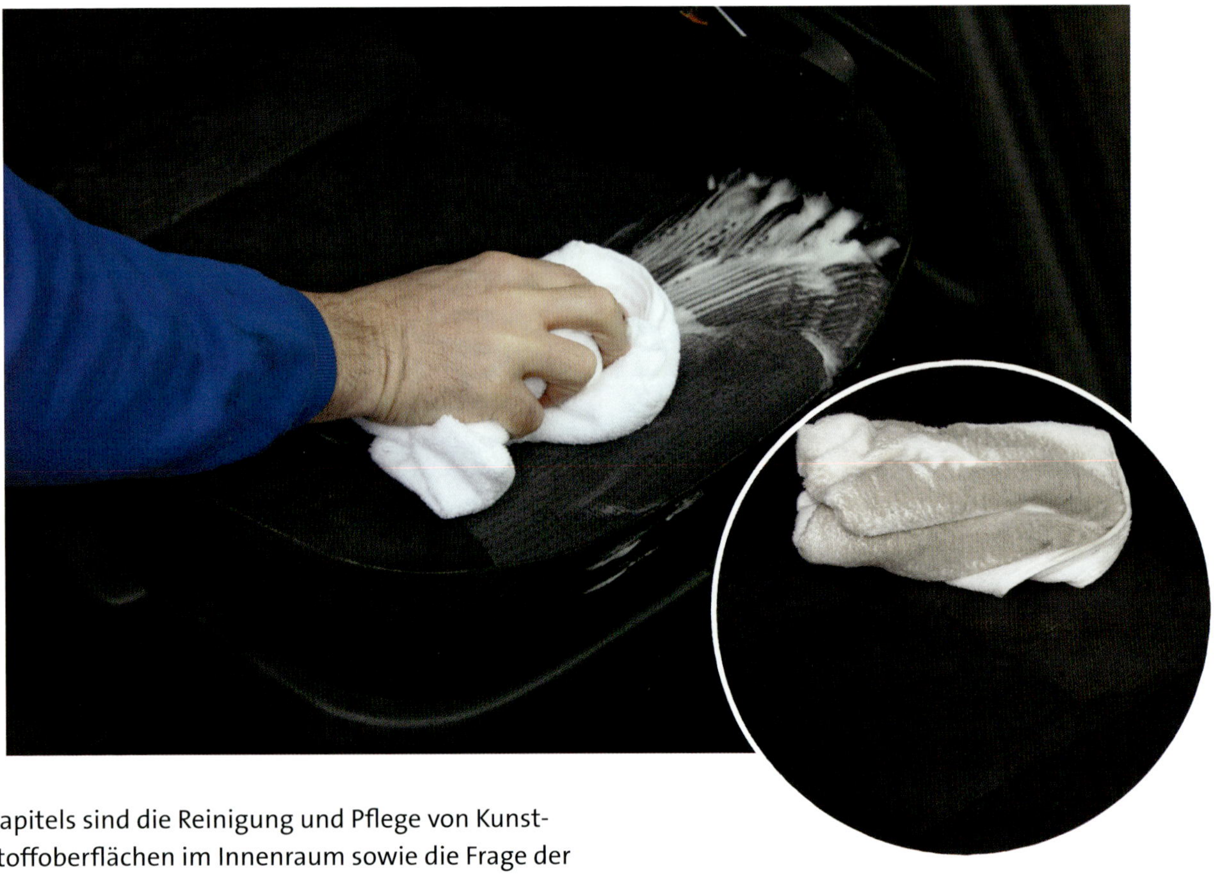

Kapitels sind die Reinigung und Pflege von Kunststoffoberflächen im Innenraum sowie die Frage der Beseitigung unangenehmer Gerüche im Fahrzeuginterieur.

Als grundlegende Reinigungsmethode für eine Stoffausstattung reicht in der Regel das sorgfältige Absaugen mit einem leistungsstarken Sauger mit Hilfe einer gut geformten Polster- und Fugendüse aus. Bei starker Verschmutzung können auch noch eine weiche Polsterbürste und bei Tierhaaren eine spezielle Gummibürste zur Hilfe genommen werden. Wichtig ist, wie schon bei Ledersitzen, gründlich auch in Falten und im Sitzkantenbereich zu saugen.

**Nach einer gründlichen Nassreinigung sollten die Textiloberflächen durch eine Imprägnierung geschützt werden.**

Erst wenn sich Verschmutzungen nicht mehr durch Saugen entfernen lassen, müssen Spezialreiniger ans Werk. Jedoch sollte man erst einmal ganz mild mit der so genannten feuchten Reinigung beginnen. Etwas milde Polsterreinigung auf Teilbereiche des Sitzes aufsprühen und mit einem feuchten Schwämmchen einarbeiten. Den gelösten Schmutz ebenfalls mit einem – natürlich sauberen – Schwämmchen im klaren Wasser ausspülen und die Schmutz- und Seifenreste durch leichtes Reiben mit einem am besten weißen Baumwollhandtuch aus der Sitzoberfläche entfernen. Wenn die gereinigte Oberfläche dann getrocknet ist, sollte die Faserstruktur hell und sauber sein.

Bei stärkerer Verschmutzung und Auslaufflecken mit Rändern kann eine leichte Nassreinigung mit Polsterreiniger und Shampoonierbürste sinnvoll sein. Dazu vorzugsweise einen milden Polsterreiniger einsetzen, der die Faser bei der Reinigung nicht zu stark strapaziert. Das Produkt nach Herstellerangaben mit Wasser mischen und z. B. in die auf S. 41 unten gezeigte Polsterbürste einfüllen.

**WICHTIG:** **Das Shampoonieren und Bürsten immer in Faserrichtung ausführen, um eine Schädigung der Faserstruktur und dadurch mechanischen Verschleiß zu vermeiden.**

Wenn Sie einen leistungsstarken Sauger besitzen, der auch dazu geeignet ist Wasser aufzunehmen, können Sie dann in einem ersten Schritt übermäßige Nässe aus der Polsteroberfläche absaugen. Ansonsten verwenden Sie bitte wie gehabt Baumwollhandtücher, um Schmutz und Nässe wirksam aufzunehmen.

Sollten die beiden genannten Arbeitstechniken bei sehr stark verschmutzten Polstern (z. B. durch verschüttete Flüssigkeiten) nicht zum Erfolg führen, gibt es noch eine professionelle Variante der Nassreinigung. Man hat dabei zwei Möglichkeiten diese Technik zur Anwendung zu bringen. Entweder leihen Sie sich im Fachhandel oder bei manchen großen Hobby- bzw. Baumärkten einen professionellen Nasssauger aus oder Sie geben Ihr Fahrzeug zur Profi-Fahrzeugaufbereitung. Falls Sie sich ein Gerät ausleihen können und wollen, verfügen Sie damit über die beste und gründlichste Reinigungstechnologie. Diese Profigeräte sprühen die Reinigungsflüssigkeit tief in die Faserstruktur ein, und lösen damit auch tief sitzende Verschmutzungen. Nach kurzer Einwirkzeit werden der gelöste Schmutz und die Nässe mit einer Spezialsaugdüse aus der Tiefe der Gewebestruktur gesaugt, und es verbleibt nur etwas Restfeuchte im Bezug zurück. Nach der Trocknung sollte der Sitzbezug spurenfrei sauber sein und neuwertig aussehen.

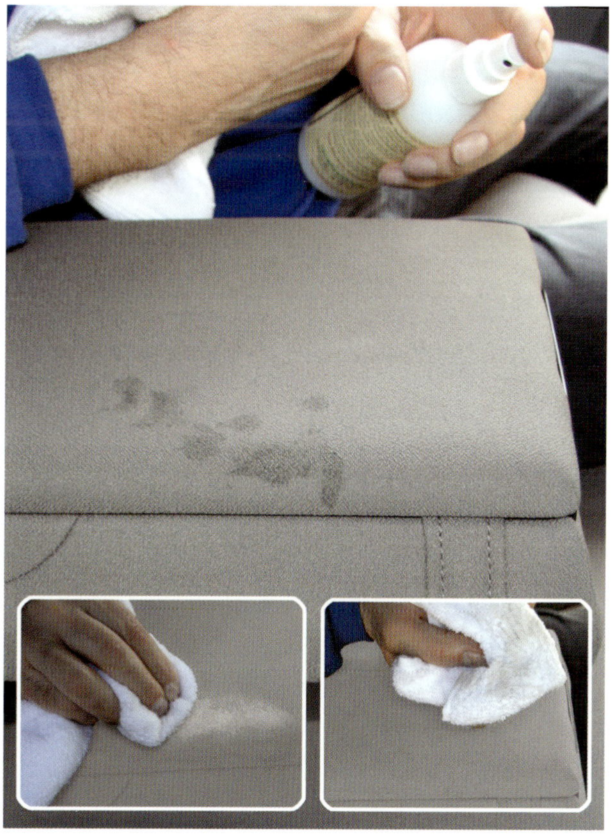

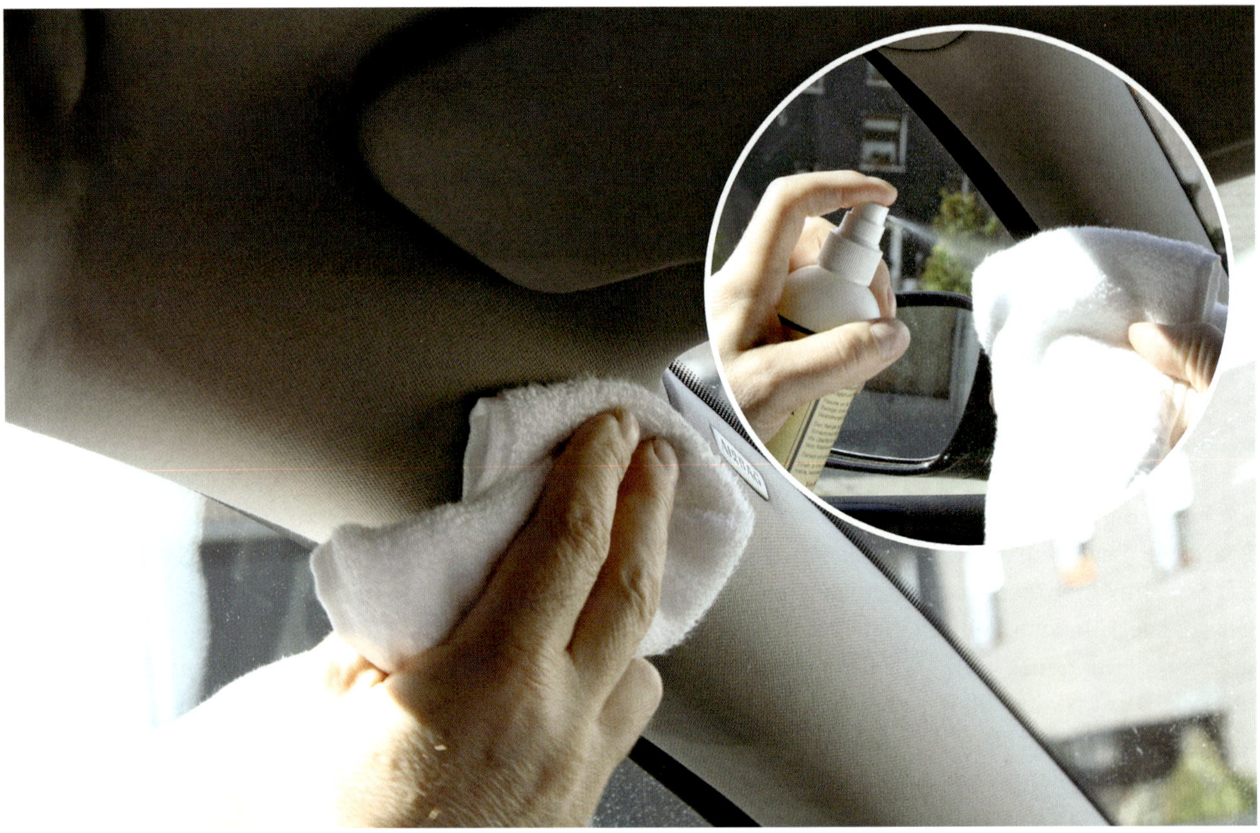

**Bei Textilbespannungen den Reiniger auf ein Tuch sprühen und verarbeiten, um Fleckenränder zu vermeiden.**

Um nun allzu schneller Neuverschmutzung vorzubeugen ist noch ein weiterer Arbeitsschritt vonnöten. Da bei der Reinigung mit wirkungsvollen Chemieprodukten und starker mechanischer Belastung – wie im Fall des beschriebenen Profipolsterreinigungsgeräts – die Faserimprägnierung geschwächt oder gar entfernt werden kann, ist es sehr wichtig nach der Trocknung eine erneute Imprägnierung als Faserschutz aufzutragen. Im Fachhandel sind es für Textilien (auch für Alcantara) geeignete Imprägnierungen erhältlich, meist anwenderfreundlich in Spraydosen.

Falls im Vorfeld einer Tiefenreinigung etwa durch chemische Zersetzungsprozesse verschütteter Flüssigkeiten auch schon unangenehme Gerüche entstanden sind, müssen diese, sofern sie durch den Reinigungsprozess selbst nicht schon getilgt wurden, noch einmal gesondert bearbeitet werden. Bei leichten Gerüchen reicht manchmal schon ein Sprühprodukt oder ein Beutel Spezialgranulat um die störenden Geruchsmoleküle aufzunehmen. Wenn diese Maßnahmen trotz gründlicher Vorreinigung nicht überzeugend wirken, haben Sie immer noch die Möglichkeit, bei einem Profibetrieb eine Ozonbehandlung durchführen zu lassen, die Geruchsprobleme ein für allemal lösen sollte.

Textile Dachhimmelbespannungen und Alcantara-Oberflächen sollte man generell mit milden Spezialreinigern und äußerst vorsichtig säubern. Im Profibereich wird auf diesen sensiblen Oberflächen nur sehr behutsam und ohne Druck gearbeitet. Der Spezialreiniger wird dabei nicht auf die zu reinigende Oberfläche gesprüht – das kann Fleckenränder verursachen –, sondern auf ein sauberes Tuch. Mit diesem Tuch vorsichtig reiben und den gelösten Schmutz aufnehmen. Ein zweites weiches und sauberes Baumwolltuch bereit halten, um noch einmal nachzureiben. Auf diese Weise können textile Bespannungen und Alcantara-Oberflächen Abschnitt für Abschnitt fehlerfrei gereinigt werden. Auch hier empfiehlt es sich übrigens, nach der Trocknung eine Imprägnierung als Faserschutz aufzusprühen.

## KUNSTSTOFFE IM FAHRZEUGINNENRAUM

Auch die Materialien der Kunststoffoberflächen im Interieur sind, zum großen Teil bedingt durch die verschärfte Umweltgesetzgebung, immer empfindlicher geworden. Sie müssen vorsichtiger als früher

und mit speziell geeigneten weichen Werkzeugen und Chemieprodukten gereinigt und gepflegt werden. Meist handelt es sich um seidenmatte bis stumpfmatte Oberflächen, die leicht zu beschädigen und verkratzen sind. Konnten die alten, leicht glänzenden Kunststoffe noch mit Silikonölen und Cockpitsprays gepflegt und der bekannt speckige Glanz erzeugt werden, sind dies für die heutigen Materialien eindeutig die falschen Produkte.

Beginnen wir also mit einer milden Reinigung und verwenden dafür einen der neuen Mattpfleger für Innenraumkunststoffe. Diese sogenannten Detailer nehmen leichteste Verschmutzungen auf und schützen und pflegen die Oberfläche ein wenig. Einfach aufsprühen und mit einem weichen Mikrofasertuch verteilen und aufnehmen – fertig.
Auf dem Markt erhältlich sind auch Kombiprodukte, sogenannte Reiniger und Pfleger. Diese kann man z. B. auf ein Schwämmchen sprühen, auf der zu reinigenden Fläche verteilen, anschließend mit einem Mikrofasertuch nachreiben und den Schmutz mit der Flüssigkeit wieder aufnehmen. Bei starker

Verschmutzung sollte man jedoch zuerst einen Grundreiniger verwenden. Hier handelt es sich um reine Reinigungsprodukte, die daher auch besonders wirkungsvoll sind. Diese nach Herstellerangaben auftragen, einwirken lassen und anschließend abreiben. Grundsätzlich gilt: Einem Reiniger sollte stets ein Pflegeprodukt folgen, um der Oberfläche erneut UV-Schutz und Pflege zu geben.

**PROFITIPP: Sollte ein Pflegeprodukt einmal etwas zu viel Glanz auf der Oberfläche hinterlassen haben, nehmen Sie einfach ein leicht feuchtes Mikrofasertuch und reduzieren Sie durch leichtes Nachreiben den Glanzgrad. Das ist wichtig um etwa durch ein allzu glänzendes Armaturenbrett störende Spiegelungen in der Windschutzscheibe zu vermeiden.**

## Glasreinigung

Jede gründliche Glasreinigung beginnt nach der Fahrzeugwäsche mit der Entfernung fühlbarer Ablagerungen auf der Windschutzscheibe. Es handelt sich dabei meist um Bremsstaub-Partikel, die eingebrannt sind, oder Industriestaub-Ablagerungen. Beides lässt sich nicht durch eine Wäsche entfernen und beschädigt nachhaltig die empfindlichen Wischkanten der Scheibenwischer. Daher ist es sinnvoll, besonders bei Fahrzeugen, die oft bei hoher Geschwindigkeit auf der Autobahn bewegt werden, diese Partikel mittels Reinigungsknete zu

**Nach dem Entfernen von fühlbaren Ablagerungen mit der Knete, die Außenflächen von oben nach unten reinigen.**

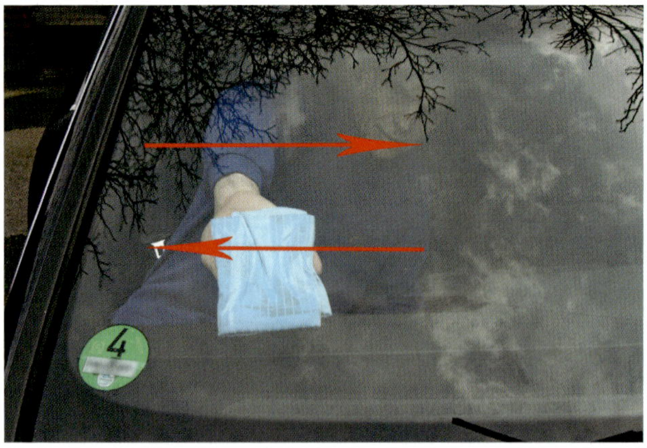

**Wenn Sie die Scheiben von innen waagerecht reinigen, können Sie bei der Kontrolle gleich sehen, ob erkennbare Putzstreifen auf der Innen- oder Außenseite der Scheibe vorhanden sind.**

Hier gibt es eine spezielle Arbeitsmethode, die sich im Profibereich bestens bewährt hat: Nehmen Sie zur Reinigung einen guten Glasreiniger und ein Glasreinigungstuch auf Mikrofaserbasis zur Hand.

beseitigen. Dadurch halten die Kanten der Scheibenwischblätter deutlich länger und bekommen nicht diese hässlichen feinen Kerben, die die Sicht bei Regen so unangenehm behindern. Zur Reinigung der Glasoberflächen kann man übrigens auch ältere, schon verschmutzte Reinigungsknete verwenden. Die Knete – genau wie auf der Lackoberfläche – einfach auf etwas Shampoowasser über das Glas gleiten lassen.

Sind die Glasflächen perfekt glatt, müssen sie systematisch gereinigt werden.

Dieses spezielle Tuch hat die Eigenschaft, in Verbindung mit einem Glasreiniger Silikonbeläge, Öle und ähnliche Fette – die übrigens über die Lüftung auch innen auf der Scheibe vorzufinden sind – aufbrechen und entfernen zu können. Dabei gibt es einen Trick: Arbeiten Sie z. B. auf der Glasfläche innen in geraden Bewegungen waagerecht und außen in ebenfalls geraden Bewegungen senkrecht. Anschließend können Sie in der Sonne oder mittels einer Lichtquelle die Scheiben auf Sauberkeit und Schlierenfreiheit kontrollieren. Entdecken Sie noch Wischspuren, können Sie erkennen, ob diese waagerecht oder senkrecht verlaufen und Sie innen oder außen nacharbeiten müssen, um ein perfektes Ergebnis zu erreichen.

**Verchromte Kunststoffzierteile nur mit milden Spezialpolituren auffrischen.**

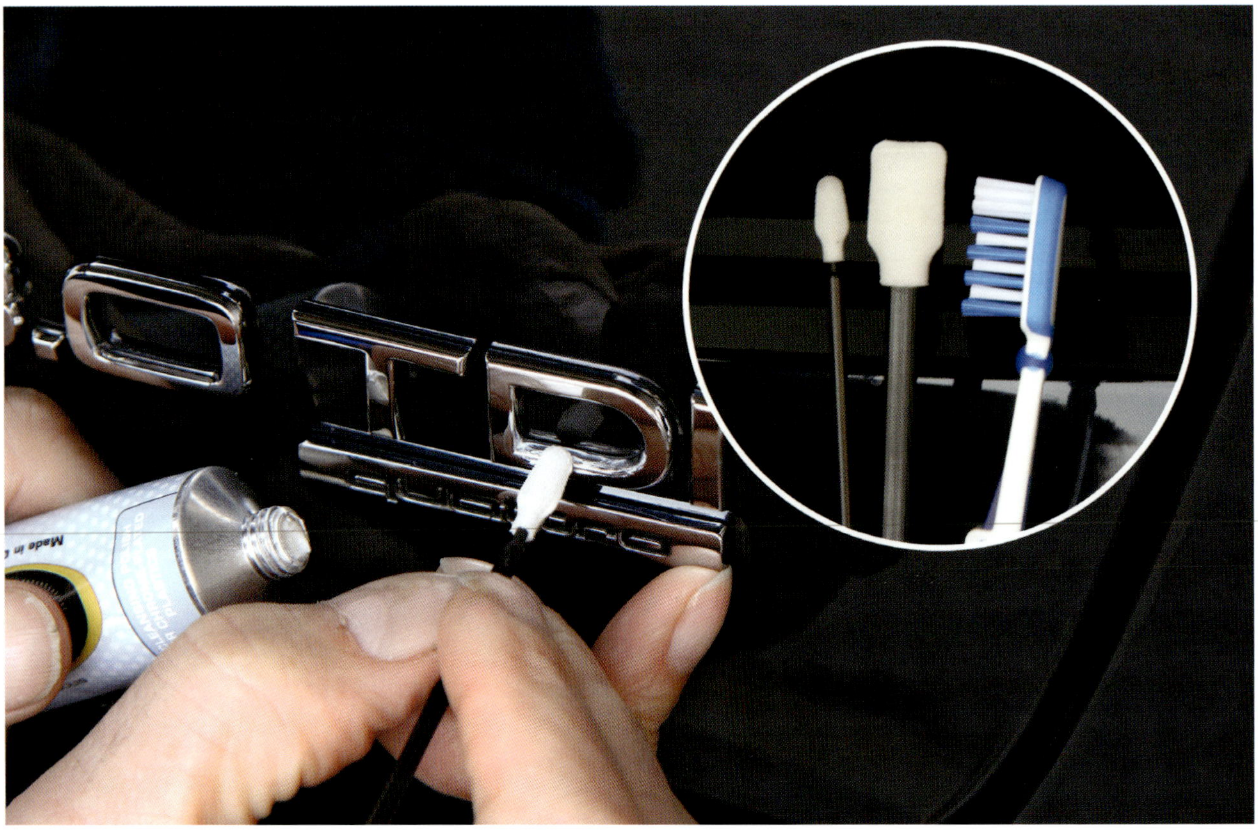

**Auch eloxierte Oberflächen nur mit Spezialprodukten bearbeiten weil sonst die Oberfläche zerstört wird.**

**PROFITIPP:** In den Vorratsbehälter der Scheibenwaschanlage stets nur hochwertige Reinigungszusätze einfüllen. Das garantiert rasche blendfreie Reinigung, und der Wischer läuft ohne zu rattern und zu springen über die Windschutzscheibe. Auch sollte die vom Hersteller empfohlene Dosierung nicht überschritten werden – das verhindert Fleckenbildung auf der Lackoberfläche.

## Zierteile und Gummidichtungen

Im Folgenden stehen Zierteile, Metalle – verchromt oder eloxiert – sowie verchromte Kunststoffe im Mittelpunkt unseres Interesses. Wie kann man sie beschädigungsfrei reinigen und optimal pflegen? Weiterhin geht es in diesem Kapitel auch um die Gummidichtungen, die ebenfalls richtig gereinigt und gepflegt werden sollten, um ein Autoleben lang weich, geschmeidig und damit funktionstüchtig zu sein. Fest steht, dass z. B. ein Austausch empfindlicher Dichtsysteme aufgrund verstärkter Windgeräusche oder plötzlicher Wassereinbrüche im Fahrzeug sehr teuer ist und bei richtiger Pflege vermieden werden kann.

### ZIERTEILE

Zierleisten, Embleme und Schriftzüge an Automobilen waren in früheren Zeiten generell aus Metall gefertigt, z. B. geprägtem Blech, Gusseisen oder Aluminium. Heute finden wir im Fahrzeuginterieur oft galvanisch veredelte Kunststoffe, wie etwa bei Leisten, Armatureneinfassungen, Hebeln und Schaltern. Aber auch im Außenbereich sind Kunststoffzierteile inzwischen meist die Regel. Dazu gehören Kühlergrill, Leisten, Embleme sowie Schriftzüge. Auf den ersten Blick erkennen kann man es meist nicht, ob Metall oder Kunststoff das Basismaterial ist, aber manchmal kann man es durch Betasten herausfinden. Verchromte Kunststoffe fühlen sich warm an, verchromte Metalle deutlich kälter.

Für die Reinigung und Pflege solcher Teile gilt generell, dass nur mit sehr milden Metallpolituren oder Spezialprodukten und sehr weichen Werkzeugen gearbeitet werden sollte, um deren sensible Oberflächen nicht zu beschädigen. Beste Erfahrungen habe ich mit weichen, nebelfeuchten Baumwolltüchern gemacht. Auch weiche Schaumstoffreiniger zur Pflege von Computer-Schreibtastaturen sind bestens für kleine, zerklüftete Zierteile und Schriftzüge geeignet. Wichtig ist zudem, nur sehr wenig Politur auf das Werkzeug zu geben, um angrenzende Oberflächen nicht ungewollt zu benetzen. Zum Abschluss mit weichen flauschigen Mikrofasertüchern die Poliermittelreste von den soeben polierten Oberflächen schonend entfernen. Im Außenbereich können diese Oberflächen zusätzlich und nachhaltig durch den Auftrag einer wirksamen Lackschutzversiegelung oder eines Wachses geschützt werden.

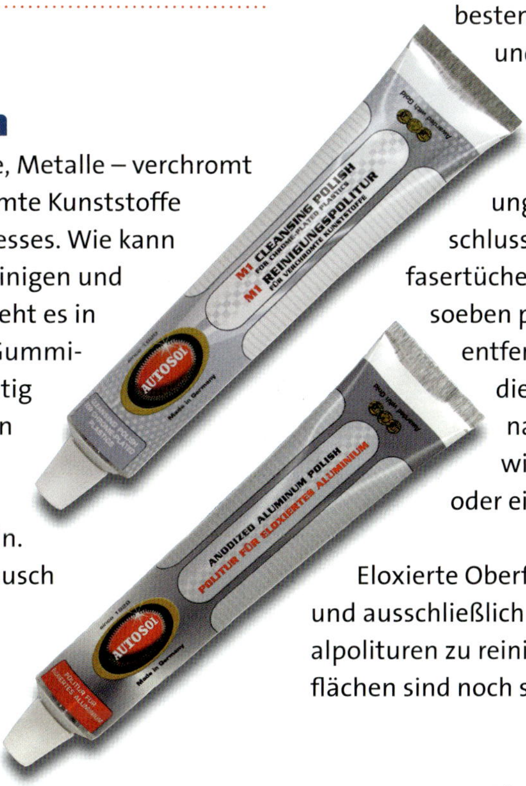


Eloxierte Oberflächen sind noch vorsichtiger und ausschließlich mit dafür vorgesehenen Spezialpolituren zu reinigen und zu pflegen. Diese Oberflächen sind noch sensibler und verzeihen keine

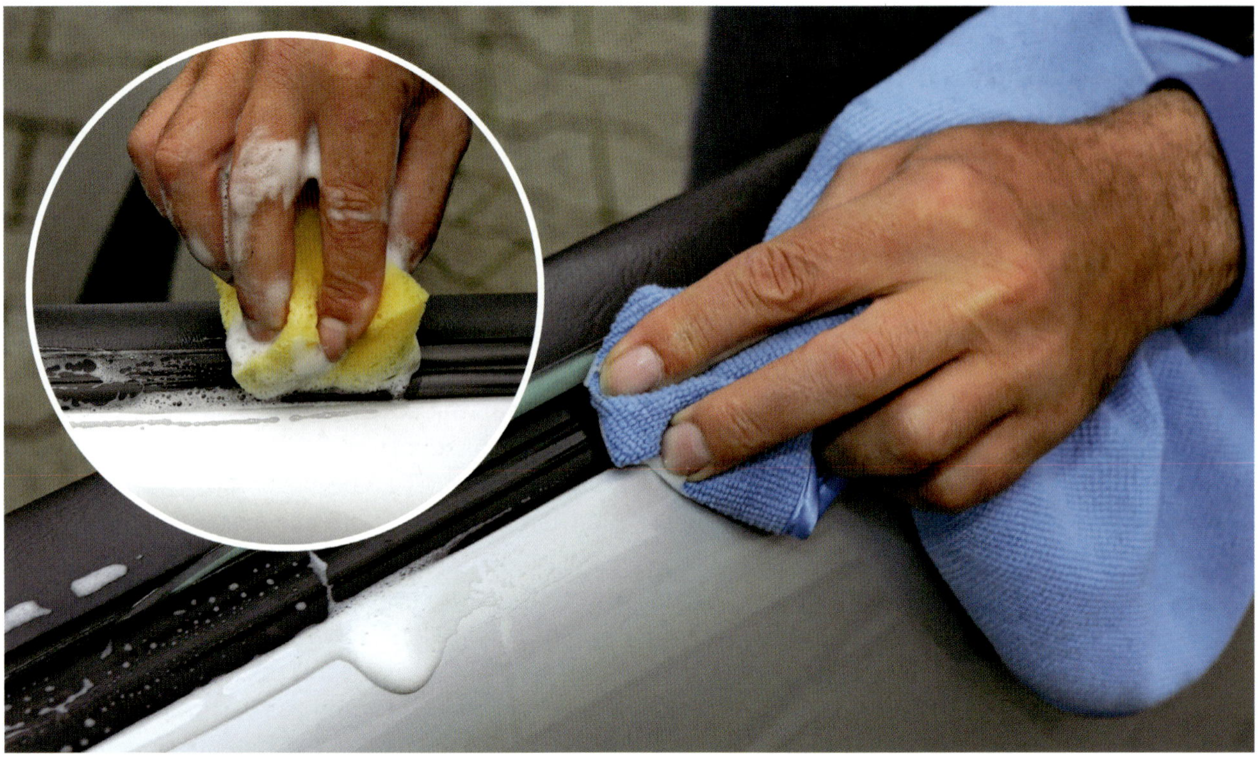

Anwendung mit wirksamen Metallpolituren. Diese würden in sehr kurzer Zeit den Oberflächenschutz abtragen, und die meist farbig eloxierten Oberflächen würden starker Bewitterung ausgesetzt sein und dadurch unansehnlich.

**PROFITIPP:** Bei allen Zierteilen, Emblemen und Schriftzügen immer erst die mildesten Mittel und die weichsten Werkzeuge ausprobieren, bevor man zu härteren Bandagen greift. Im zweiten Versuch lieber erst ein härteres Baumwolltuch einsetzen als schon zu stärkeren Mitteln greifen.

**So bleiben alle Zierteile ein Autoleben lang schön und vor Korrosion geschützt.**

## GUMMIDICHTUNGEN

Die richtige und regelmäßige Pflege von Gummidichtungen verhindert vorzeitigen Verschleiß bei allen Dichtsystemen im Kfz-Bereich. Aber Vorsicht: Wer die falschen Mittel häufig eingesetzt, zerstört auf Dauer die heute sehr aufwendig gestalteten Dichtprofile, sie werden dann geradezu „kaputt gepflegt“. Die Erfahrungen der letzten Jahre haben mich gelehrt, dass viele Cockpitsprays und Kunststoffpflegemittel auf Silikonbasis die Dichtungen zwar erst einmal schön schwarz und weich gemacht haben, sich die Profile aber auf längere Sicht auflösten. Sie klebten zumeist an der ihr zugedachten Dichtfläche und rieben sich mit der Zeit regelrecht auf. Solche klebrigen weichen Dichtungen sind nur mittels Talkumpuder wieder einigermaßen instand zu setzen.

Wie also reinigt und pflegt man solche Dichtungen Wert erhaltend? Bestens bewährt hat sich in meiner Arbeitspraxis eine reine Glyzerinseife, wie man sie aus der Lederpflege kennt. Deren milder Schaum mit rückfettendem Glyzerin auf einem kleinen Schwämmchen ist die schonendste Art, Verschmutzungen perfekt zu lösen. Anschließend sollte man mit einem weichen Baumwoll- oder Mikrofasertuch nachreiben und den gelösten Schmutz aufnehmen. Auf die trockenen Dichtungsprofile zum Schluss

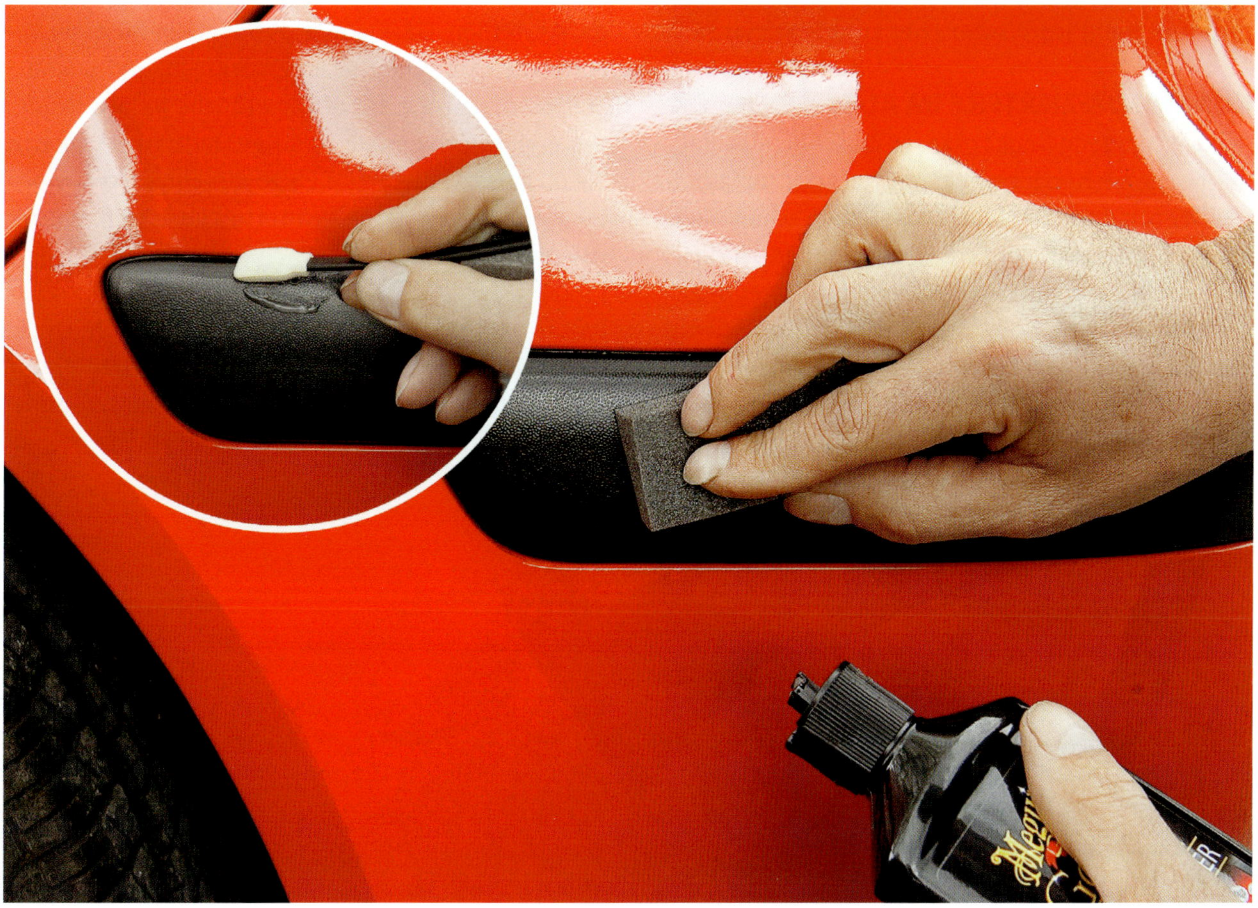

**Für Kunststoffe im Außenbereich gibt es spezielle Pflegemittel die auch waschstabiler sind als ein Cockpitspray.**

etwas hochwertige Gummipflege dünn auftragen. Dies lieber zweimal tun als nur einmal mit zu viel Pflegemittel. Überdies sollten vor Beginn der kalten Jahreszeit alle Dichtungen zusätzlich z. B. mit Hirschtalg- oder Vaselinestiften geschützt werden, um ein Festfrieren wirkungsvoll zu verhindern.

**PROFITIPP: Wer sich Mühe mit den Gummidichtungen macht, sollte nicht vergessen, auch die dazugehörigen Dichtflächen, z. B. Haubenkanten und Türeinstiege zu reinigen. Schließlich können durch dort verbleibende feine Sand- und Schmutzpartikel an der Dichtung mechanische Schäden verursacht werden. Und: Eine matte und verkratzte Gummioberfläche kann schneller altern und neigt im Winter eher zum Festfrieren.**

## KUNSTSTOFFZIERTEILE IM AUSSENBEREICH

Je nach Fahrzeug findet man im Außenbereich der Karosserie mehr oder weniger viele lackierte Kunststoffleisten und Formteile. Diese leiden schon nach kurzer Zeit unter Bewitterung und werden schnell unansehnlich, wenn sie nicht regelmäßig gepflegt und geschützt werden. So verhindert eine schützende Pflege vor einer geplanten Lackreinigung das Eindringen von Politur und damit die Gefahr einer Fleckenbildung. Generell gilt für diese Kunststoffe: Regelmäßige Pflege verhindert ein Verspröden und Ausbleichen. Bei älteren und/oder vernachlässigten Kunststoffen hilft dann nur noch Tönen oder Färben.

Erster Schritt einer jeden Kunststoffpflege sollte jedoch die gründliche Reinigung mit Hilfe eines Kunststoff- oder milden Universalreinigers sein. Dazu verwendet man vorzugsweise einen kleinen Schwamm, und bei starkem Schmutz und strukturierter Oberfläche zusätzlich eine kleine Bürste. Eine Nagelbürste oder bei sehr kleinen Teilen auch eine Zahnbürste verrichten dabei gute Dienste. Den gelösten Schmutz spült man dann gründlich ab oder nimmt ihn mit einem feuchten Mikrofasertuch auf. Sobald die Kunststoffoberflächen trocken sind, können für den Außenbereich vorgesehene Pflegeprodukte dünn – mittels eines kleinen Schaumgummiabschnitts oder Computertastatur-Reinigers – aufgetragen werden.

**PROFITIPP: Kunststoffteile nach 10 bis 15 Minuten mit einem weichen Baumwolltuch nochmals nachreiben. Dadurch wird überschüssiges Pflegemittel abgetragen, und es entstehen nach einem Regenschauer keine Laufspuren auf den Kunststoffoberflächen.**

Sollten ältere Kunststoffteile im Außenbereich bereits stark ausgeblichen sein, oder lassen sie sich nicht mehr reinigen, besteht die Möglichkeit sie nachzufärben. Dazu gibt es Produkte in flüssiger Form, die in die Oberfläche eindringen, und solche in Pastenform, die auf der Oberfläche haften. Beide Systeme bieten eine recht lange Haltbarkeit, sofern Sie nach Herstellerangaben gewissenhaft verarbeitet werden, und lassen gealterte Kunststoffe wieder wie neu aussehen.

**PROFITIPP: Flüssige Färbeprodukte halten in der Regel länger, mit pastösen lassen sich aber leichte Kratzspuren und Beschädigungen besser abdecken.**

# Youngtimer und Oldtimer

Im folgenden Kapitel widmen wir uns Fahrzeugoberflächen und Materialien wie sie bei Old- und Youngtimern vorkommen. Um diese nicht nachhaltig zu schädigen muss man immer sehr mild und schonend reinigen und pflegen. Sämtliche hier gezeigten Reinigungs-, Pflege- und Reparaturtechniken beruhen auf langjährigen Erfahrungswerten und sollten zu überzeugenden Ergebnissen führen.

Wichtig bei Arbeiten an allen älteren Oberflächen ist z. B., Reinigungsprodukte nie im Sichtbereich auf ihre Wirksamkeit zu testen, sondern immer erst an verdeckten Stellen auszuprobieren. Auch sollte man lieber mehrfach mit milden Produkten reinigen als mit einem zu scharfen Schäden zu verursachen. Bedenken Sie, dass alte Oberflächen und Materialien nach Jahren oder Jahrzehnten der Pflege (oder

Vernachlässigung) sehr sensibel und verletzbar geworden sind. Und: Versuchen Sie auch nicht um jeden Preis die reizvolle Optik vorhandener Patina restlos zu entfernen.

## Lackreinigung und Politur

Bei der Lackreinigung oder der Lackpolitur sollten immer erst alle Oberflächen durch einen sorgfältigen Waschvorgang von losem Schmutz befreit werden. Nach dem Trocknen der Lackoberfläche mit der Hand prüfen, ob Ablagerungen zu spüren sind, oder ob sich die Oberfläche vollkommen glatt anfühlt. Fühlbare Ablagerungen sollten mit der Reinigungsknetmasse lackschonend entfernt werden. Ist nun die Lackoberfläche glatt wie eine Glasscheibe, sollte in der Sonne unter oder einer Kunstlichtquelle der Lack auf Haarlinienkratzer oder Hologramme untersucht werden. Bei der Entfernung dieser feinen Spuren in der Lackoberfläche, ist es wichtig, Folgendes zu beachten: Bei der Lackreinigung oder Politur muss immer gegen sichtbar vorhandene Spuren gearbeitet werden, um diese wirkungsvoll entfernen zu können. Dazu ist es außerdem wichtig, bei gutem Licht und an verdeckter Stelle zu testen, mit welcher Politur oder Schleifpaste der Lack wieder perfekt aufzuarbeiten ist.
An Hand der anschließend beschriebenen Testmethode sollte man die mildeste Variante ausprobieren, die den gewünschten Erfolg bringt und nur soviel Lack abträgt wie nötig. Dabei muss man berücksichtigen, dass gerade bei alten Lackschichten im Laufe der Jahre viel weg-poliert wurde und kaum noch Lacksubstanz vorhanden ist.
Daher muss man bei allen anstehenden Lackaufbereitungen so schonend wie möglich vorgehen. Und ist erst einmal die Oberfläche perfekt poliert, sollte anschließend der Lackschutz (Wachs oder Polymere usw.) gewissenhaft und regelmäßig aufgefrischt werden, um den gewünschten Schutz zu erhalten. Denn eine gute Lackkonservierung erspart häufiges, Lack abtragendes Polieren, da Bewitterung, Baumharze und Vogelkot nicht so schnell die Chance haben, in den Lack einzudringen.

**Um fehlerhafte alte originale Lackoberflächen perfekt aufzufrischen, brauchen Sie geeignete Schleifmittel, Reinigungsknete, Schleif- und Glanzpolituren.**

### DIE LACKREINIGUNG MIT KNETE

Erster Schritt nach der Fahrzeugwäsche ist die Überprüfung der Lackoberfläche auf Ablagerungen. Diese können einfach durch eine leichte Handbewegung auf dem Lack erfühlt werden. Ablagerungen wie Industriestaub, Eisenstaubpartikel und Insektenreste, die durch Waschen nicht zu entfernen sind, spürt man als raue Stumpfheit auf der Oberfläche.

Um wieder eine glasartig glatte Oberfläche zu bekommen, ohne gleichzeitig Lack abzutragen, hat sich im Profi-Bereich die Reinigungsknetmasse Magic Clean bestens bewährt. Mit der Knete und etwas aufgesprühtem Wasser oder auf dem Wege der

Trockenwäsche lassen sich alle reliefartigen Oberflächenverunreinigungen durch schiebende Bewegungen aufnehmen und entfernen. Selbst Farbnebel lässt sich so mühelos und – was noch wichtiger ist – ohne Lackabtrag von der Fahrzeugoberfläche entfernen. Kontrollieren sie durch Fühlen, ob alle Ablagerungen entfernt wurden und reiben sie anschließend die Oberfläche wieder trocken. Jetzt braucht meist im Anschluss nur noch der Glanzgrad mit einem milderen Poliermittel wieder hergestellt zu werden, und man erhält als Resultat wieder eine spiegelglatte hochglänzende Lackoberfläche, die im Anschluss perfekt konserviert werden kann.

## POLIERMITTEL- UND POLIERWERKZEUG-TEST

Testen Sie Ihre Poliermittel auf Intensität der Wirkung und Ergebnisse auf der zu polierenden Lackoberfläche wie folgt: Nehmen sie ein weiches helles Baumwolltuch und geben Sie etwas Politur darauf. Nun reiben Sie mit etwa fünf kreisenden Bewegungen und leichtem Druck auf der Stelle. Schauen Sie sich anschließend das Ergebnis und den Lackabrieb im Tuch an. Verschiedene Polituren werden eine unterschiedlich starke Lack abtragende Schleifwirkung besitzen. Wählen Sie für ihre Arbeit stets nur jene Politur aus, die das gewünschte Ergebnis erreicht, ohne zuviel an Lacksubstanz zu entfernen.

**Die Wirkung und der Lackabtrag einer Politur kann durch unterschiedliche Tücher oder Schwämme zusätzlich beeinflusst werden. Generell gilt, dass ein weicheres Tuch weniger Lackabtrag bewirkt. So können sie mit unterschiedlich weichen Tüchern die Lackreinigung quasi stufenlos variieren.**

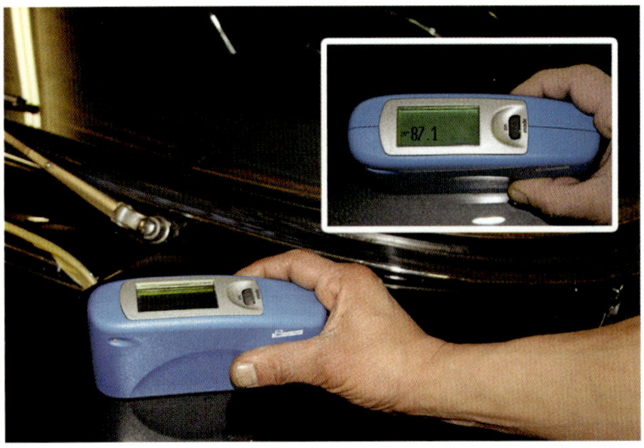

**Mit einem Schichtdickenmesser kann man die Stärke der vorhandenen Lacksubstanz prüfen.**

Weiterhin kann man einen quasi stufenlosen Lackabtrag (samt Polierwirkung) durch den Einsatz unterschiedlicher Tücher und Schwämmchen mit ein und derselben Politur erreichen.

Haben sie z. B. durch den ersten Test das Poliermittel gefunden, das das beste Ergebnis mit dem größtmöglichen Glanzgrad ergeben hat, kann man durch unterschiedliche Arbeitsmittel das Ergebnis noch weiter beeinflussen. Durch die Verwendung eines weicheren Tuchs oder Schwämmchens wird noch etwas weniger Lack abgetragen und meist auch noch der Glanzgrad erhöht. Denken Sie aber immer daran, dass auf einem älteren Fahrzeug nicht mehr sehr viel Lacksubstanz vorhanden ist. Reinigen und polieren Sie daher sehr gefühlvoll und schonend. Ihr Originallack wird es Ihnen in den kommenden Jahren mit erstaunlicher Lebensdauer danken.

## LACKREINIGUNG VON HAND

Schauen sie sich bei guten Lichtverhältnissen die saubere Lackoberfläche genau an. Welche Art von Spuren (Haarlinienkratzer) sind zu erkennen? Meist sind es kreisrunde Spuren von Polierarbeiten und Fahrzeugwäschen, die durch entsprechende Bewegungen von Arbeitsmitteln (Tücher, Schwämme, Waschanlagenbürsten u.a.) oder durch Staub und Sandparti-

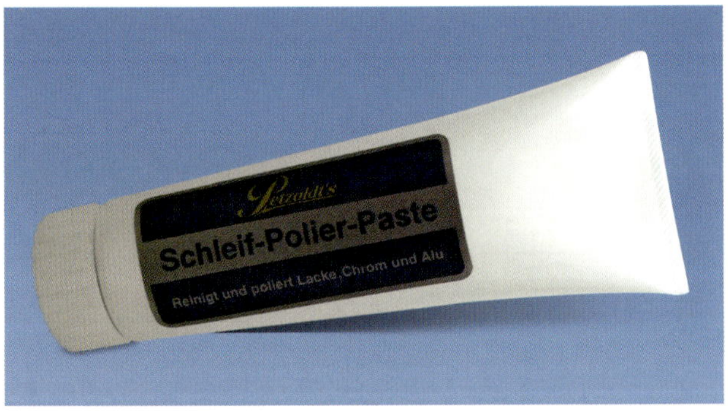


kel verursacht werden, da oft mit zu hohem Druck und/oder ungeeigneten Putzutensilien gearbeitet wurde. Auf diese Weise entstehen auf der Lackoberfläche hässliche Holografie-Effekte, die besonders im Sonnen- oder Kunstlicht sichtbar werden. Mit hochwertigen weichen Putzutensilien, die bei Polier- oder Reinigungsarbeiten in geraden Bewegungen über den Lack geführt werden, entstehen diese Spuren nicht mehr. Es ist also äußerst wichtig,

mit weichen Schwämmen und/oder Tüchern zu arbeiten.

Wählen Sie nun bevorzugt milde Poliermittel aus, die wenig Lacksubstanz entfernen, leicht aufzutragen und aufzupolieren sind. Dadurch kann man mechanische Bearbeitungsspuren auf der Lackfläche vermeiden. Je nach Tiefe der Lackdefekte (Kratzspuren oder Oxidation) muss man zwischen Schleifpaste, Schleifpolitur oder Glanzpolitur auswählen. Dazu wird die Wirkung des Produktes an verdeckter Stelle, z. B. auf der Beifahrerseite im unteren Bereich oder Einstieg gestestet. Auch hier gilt generell: Immer nur so wenig wie möglich von der Lacksubstanz bei der Oberflächeninstandsetzung abtragen und gerade Polierbewegungen ausführen, um runde Kratzspuren oder Hologramme zu vermeiden.

**Um perfekt maschinell zu polieren sollten ausreichend verschiedene Schaumstoffteller und Zubehör vorhanden sein.**

Das Abwischen von getrockneten Lackreiniger- oder Poliermittelresten sollte nur mit weichen, langschlaufigen Baumwoll- oder Mikrofasertüchern durchgeführt werden. Die grobschlaufige Struktur der Tücher bewirkt, dass diese Rückstände wie auch Staub und Sandpartikel in die Tiefe des Tuches eindringen und nicht mehr über die Lackoberfläche bewegt werden, was zwangsläufig zu Polierspuren führt. Ist nach dem Entfernen des Lackreinigungs- bzw. Poliermittels eine perfekte spurenfreie Oberfläche entstanden, kann das vorgesehene Lackschutzmittel aufgetragen werden.

## LACKREINIGUNG MIT DER MASCHINE

Eines sei vorweg bemerkt: Das Reinigen und Polieren mit einer Poliermaschine ist etwas für geübte Selbermacher. Grundsätzlich erleichtert solches Gerät die Arbeit ungemein und ist zudem bei größeren Lackdefekten und intensiveren Waschspuren meist effektiver. Bei qualitativ hochwertigeren Poliermaschinen in Kombination mit den richtigen Schaumstoffpolieraufsätzen ist auch ein besseres Reinigungs- und Poliererergebnis als bei manueller Arbeit zu erzielen. Ein vernachlässigter Scheunenfund kann, wenn er mit einer guten Schleif- oder Polierpaste gekonnt maschinell bearbeitet wird, anschließend wieder wie ein Neufahrzeug aussehen. Für diesen Zweck haben sich im Profibereich besonders die Poliermaschinen von Rotex und Festool bestens bewährt. Die von diesen Geräten ausgeführte Wellenbahn-Polierbewegung erzeugt selbst keine Polierspuren, entfernt aber kreisrunde Holografiekratzer aus einer Lackoberfläche.

Wie bereits erwähnt kann durch die Wahl des Schaumstoffpoliertellers und des Lackreinigungsmittels der Lackabtrag und das Poliererergebnis nahezu stufenlos verändert werden. Nimmt man zum Beispiel einen harten Schaumstoff und eine Schleifpaste, so können tiefe Kratz- und starke Bewitterungsspuren wirkungsvoll von der Lackoberfläche entfernt werden. Ein sehr weicher Schaumstoff mit einem milden Poliermittel erzeugt im Gegensatz dazu bei geringstem Lackabtrag eine hochglänzende Oberfläche. Auch hier gilt zum wiederholten Male die Regel, dass bei der Lackauffrischung nur so wenig Lacksubstanz wie möglich abgetragen werden sollte.

**PROFITIPP:** **Wird bei der Lackauffrischung ein grober Lackreiniger oder eine Schleifpaste verwendet, muss unbedingt mit einer milden Schleifpolitur oder Politur und einem weicheren Polierschaumstoff nachgearbeitet werden. Nur so können wirkungsvoll feinste Polierspuren, die durch die Vorreinigung verursacht wurden, entfernt und der Glanzgrad sowie die Tiefenbrillanz gesteigert werden.**

## Lackausbesserungen

Zumeist sind es kleine Lackabsplitterungen und Steinschläge, die störend wirken und den sonst noch gut erhaltenen Lack im Gesamtbild beeinträchtigen. Perfekte Reparaturen solcher kleinen Lackdefekte sind aber durchaus zu bewerkstelligen und anschließend meist nicht mehr zu erkennen.

Zunächst einmal die Schadenstelle mit einer Lupe in Augenschein nehmen. Wenn bei der Absplitterung blankes Metall oder sogar schon Rost zu sehen ist, muss dieser durch vorsichtiges Schaben mit der Spitze eines Bastelmessers entfernt werden. Durch eine Lupe wird die Bearbeitung wesentlich erleichtert. Anschließend die Stelle mit Reinigungs- oder Feuerzeugbenzin und einem Wattestäbchen gründlich reinigen und entfetten. Bei blankem Metallgrund auf die Schadenstelle etwas Rostschutzprimer auftragen – nur ganz dünn und mit sehr feinem Malpinsel Größe 0 oder 1. Dabei unbedingt eine Lupe benutzen, damit nur das blanke Metall auf dem Grund des Kratzers mit der Pinselspitze präzise benetzt wird.
Anschließend den Primer je nach Herstellerangaben trocknen lassen.

Nun kann man sich dem eigentlichen Decklack widmen, der zur Lackreparatur gebraucht wird. Meist ist etwas Originallack vorhanden – wenn nicht, lässt man sich beim Lackierer vor Ort nach einem Muster oder mittels des Originalfarbcodes den Lack nachmischen. Dieser sollte ein 2-Komponenten-Lack sein, der später besser schleif- und polierbar ist. Daher am besten mit zwei kleinen Gläschen zum Lackierer gehen – eins für den Lack und eins für den Härter.

Zuhause sollte man den Lack wie folgt in einem kleinen Deckel anmischen: Zwei Tropfen Lack und einen Tropfen Härter mit dem Pinsel gut mischen und

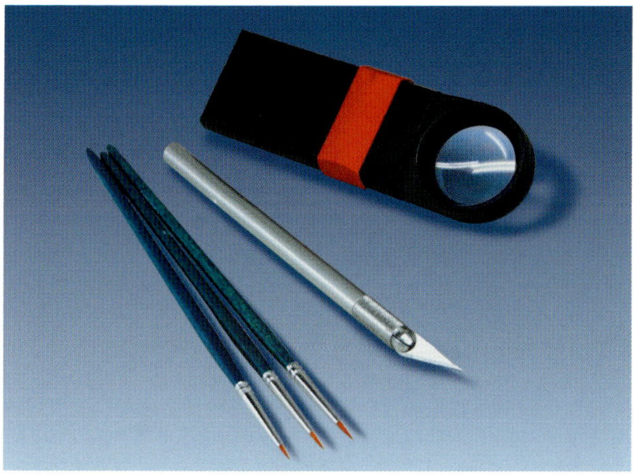

Mit dem Bastelmesser lassen sich Rost und Poliermittelreste entfernen.

Mit einem Wattestäbchen und Reinigungsbenzin oder Verdünnung sorgfältig säubern und entfetten.

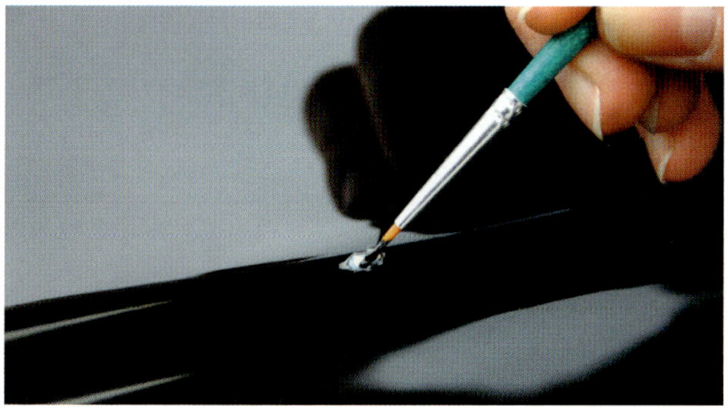

Mit einem feinen Malpinsel der Größe 0 oder 1 den Lack vorsichtig in der Vertiefung auffüllen.

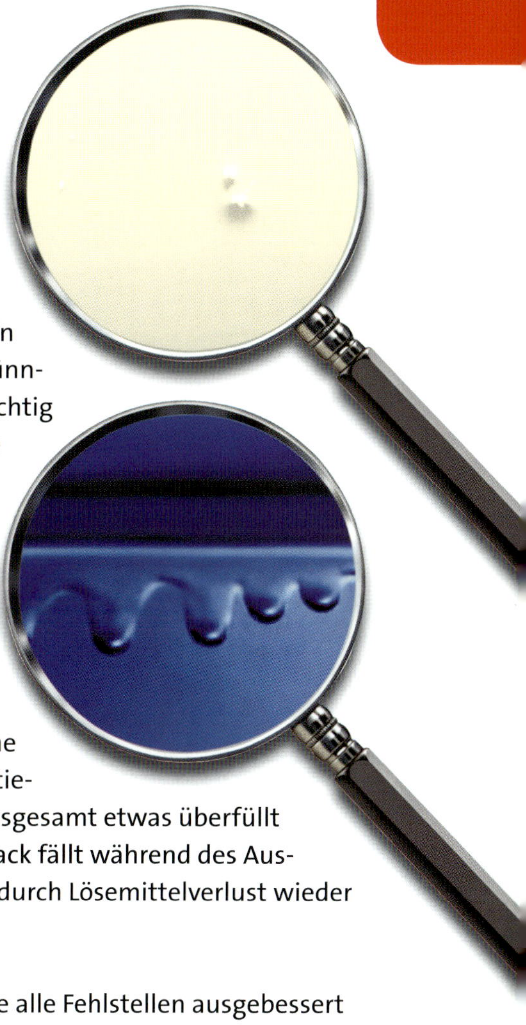

anschließend 1 bis 2 Tropfen Verdünnung dazugeben, noch mal gut mischen. Danach ein wenig vom recht dünnflüssigen Lack vorsichtig mit der Pinselspitze in die Vertiefung der Schadenstelle einfüllen. Sorgfältig trocken fönen und nach ca. 15 bis 30 Minuten erneut etwas Lack auftragen. Der kleine Kratzer, d.h. die Vertiefung, muss dabei insgesamt etwas überfüllt werden, denn der Lack fällt während des Aushärtungsprozesses durch Lösemittelverlust wieder etwas zusammen.

Sind auf diese Weise alle Fehlstellen ausgebessert worden, muss der Lack anschließend mehrere Tage aushärten. Eine gemäßigte Wärmezufuhr beschleunigt dabei die Trocknung. Ist der Lack durchgehärtet, kann der Lacküberstand – die kleine Erhöhung – mit einem Schleifblock Korn 1500 oder 2000 vorsichtig plangeschliffen werden. Ist kein Schleifblock zur Hand, kann man sich auch mit einem Stück Schleifpapier der entsprechenden Körnung, um ein Stück Holzleiste gewickelt, behelfen. Diese feinen Nassschleifmittel nur maximal 6 bis 8 mal in geraden Bewegungen auf der ausgebesserten Stelle bewegen, dann erst einmal durch Trockenreiben kontrollieren, ob die ausgebesserte Stelle schon mit der übrigen Lackoberfläche übereinstimmt bzw. plan ist. Falls nicht, solange vorsichtig schleifen, bis eine gleichmäßig matte Oberfläche entstanden ist.

Gegebenenfalls können anschließend mit der Schleifpaste, einem mittelharten Schwamm und der Poliermaschine mit ca. 1500/min verbliebene Schleifspuren entfernt werden. Etwas mühevoller ist das Polieren von Hand, aber wenn die ausgebesserte Stelle noch feiner, z. B. mit 3000er Papier, nassgeschliffen wird, gelingt auch diese Arbeit fehlerfrei. Am Ende nur noch fein nachpolieren – und wenn Sie alles richtig gemacht, haben dürfte die Ausbesserung nicht mehr zu erkennen sein.

**Hier ist die beigefallene Spachtelstelle im Untergrund gut sichtbar und wird nun vorsichtig mit 1500er Schleifpapier beigeschliffen.**

**Feines Nachschleifen mit 2000er oder 2500er Nassschleifpapier ist nötig, um Reste der Kontur und die 1500er Schleifspuren zu entfernen.**

**Nun kann wieder mit Schleifpaste bei 1500 bis 1700/min die Reparaturstelle aufpoliert und die Schleifspuren entfernt werden.**

Auf die gleiche Art und Weise können auch Staubeinschlüsse und Lackläufer in einer ausgehärteten Lackoberfläche entfernt werden. Auch dabei ist wichtig, die Erhöhung vorsichtig beizuschleifen und auf gewölbten Flächen das Werkzeug (Schleifmittel) der Oberfläche anzupassen. Bei Lackläufern kann der geübte Handwerker zuerst vorsichtig mit einer gröberen Körnung (800-1200) vorschleifen. Das Schleifen immer geradlinig ausführen – keinesfalls in Kreisbewegungen! Der nachfolgende Schleifgang mit feinerer Körnung sollte dann diagonal zum ersten Schleifgang ausgeführt werden, also nicht der gehabten Schleifspur folgen, sondern sie brechen und abflachen.

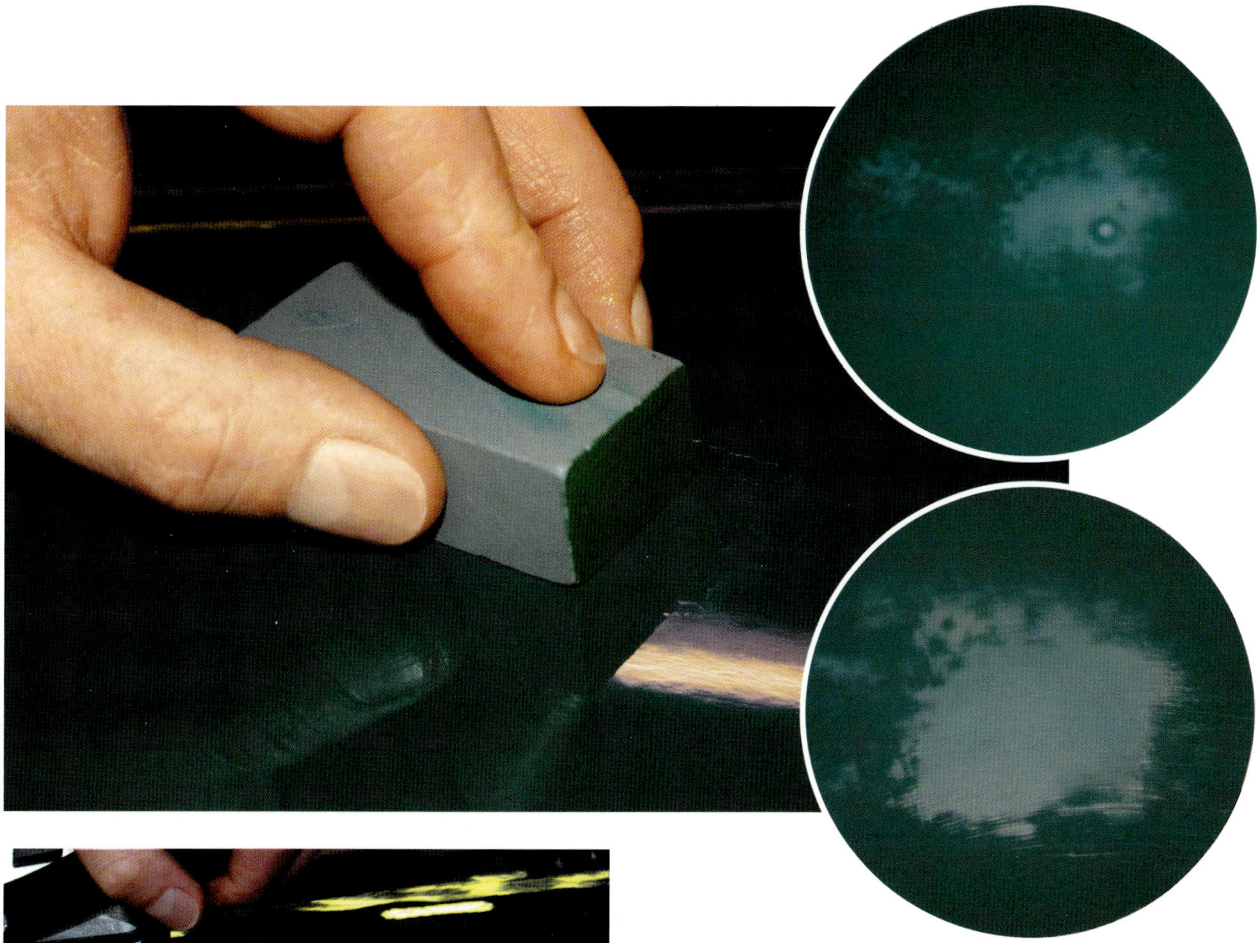

**Das Beischleifen einer Lackerhöhung, z. B. Staubeinschluss, Lackläufer oder Lackausbesserung, mit einem Schleifblöckchen.**

**Das Beipolieren der entstandenen Schleifspuren kann maschinell mit der Schleifpaste vorgenommen werden.**

## STRUKTURANGLEICHUNG

Diese spezielle Angleichung ist immer dann nötig, wenn z. B. Teillackierungen oder Ausbesserungen durchgeführt wurden, und der Übergang oder das nachlackierte Fahrzeugteil eine andere Lackstruktur aufweist, die optisch ins Auge fällt. Mit etwas Sorgfalt und dem richtigen Know-how sind solche unschönen Effekte zu beheben.

Meist ist die Oberflächenstruktur des nachlackierten Teils zu narbig und ein sichtbarer Orangenhauteffekt ist zu erkennen. Das kann etwa durch zu wenig Verdünnung beim Lackieren entstanden sein oder einfach nur, weil neuere Reparaturlacke nicht mehr so glatt verlaufen. Es ist auch hier sehr wichtig, die Lackkorrektur vorsichtig und gefühlvoll auszuführen. Je nach Strukturunterschied die betroffenen Stellen mit 1500er Schleifpapier – bei starkem Orangenhauteffekt –, ansonsten mit 2000er oder 2500er Nassschleifpapier ohne Druck und mit einem Moosgummi-Schleifklotz vorsichtig anschleifen. Ganz leicht in geraden (!) Bewegungen 2 bis 4 mal ohne Druck mit viel Wasser über die Lackoberfläche fahren. Dann mit einem weichen Tuch die Stelle trocken reiben und das Ergebnis begutachten. Die Erhöhungen der Lackstruktur müssen matt geworden sein und die Vertiefungen noch glänzen. Zum Testen kann eine flachere, angeschliffene Stelle mit Schleifpaste aufpoliert werden, um die neuentstandene Struktur mit jener der Restkarosserie zu vergleichen. Ist die Oberflächenstruktur noch immer zu narbig und gröber als die des angrenzenden Karosserieteils, muss vorsichtig noch etwas weiter geschliffen werden. Beim Nassschleifen ist es generell sehr wichtig, ohne Druck und mit viel Wasser

(etwas Seife im Wasser erleichtert übrigens das Schleifen und das Papier setzt sich nicht so schnell zu) gefühlvoll zu arbeiten.

Spülen sie nach vier in gerader Linie ausgeführten Schleifbewegungen, deren Ausschlag nicht länger als 20 bis 30 cm lang sein sollte, das Papier in einem Eimer mit Wasser gründlich aus. Dadurch wird der Lackabrieb abgespült und das Papier arbeitet länger ohne tiefe Schleifkratzer zu verursachen, die anschließend beim Polieren kaum noch zu entfernen sind. Auch eine mit Wasser gefüllte Sprühflasche ist hilfreich beim Nassschleifen. Damit kann der Farbabrieb von der Lackoberfläche gespült werden, was ebenso zu einem optimierten Schleifbild führt.

Wenn die lackierte Fläche oder das Karosserieteil nun eine gleichmäßig flachere Struktur hat, kann mit dem Aufpolieren der Lackoberfläche begonnen werden. Dazu nimmt man eine silikonfreie Profi-Schleifpaste, einen mittelharten Polierschaumstoff und eine elektronisch regelbare Poliermaschine. Um Nassschleifspuren wirkungsvoll zu entfernen, sollte man diese mit 1500 bis 1700/min langsam und mit leichtem Druck über die angeschliffene Oberfläche bewegen. Dabei stets sehr vorsichtig und mit plan aufliegendem Polierteller, der mit Schleifpaste benetzt ist, über die Oberfläche fahren. Den Polierteller mit etwas Wasser nur leicht anfeuchten und anschließend die Polierpaste sehr sparsam auftragen. Zuviel Polierpaste verschmiert nur den Polierteller und die Polierwirkung lässt nach. Nach dieser Prozedur mit einem weichen Baumwolltuch die Politurreste von der Lackoberfläche entfernen.

Nun sollte schon in weiten Teilen eine glänzende, schleifspurenfreie Oberfläche entstanden sein. Wenn deren Struktur stimmt und alle Schleifpastenreste beseitigt sind, einen weichen Schaumstoffteller und etwas feine Maschinenpolitur zum Nach- und Glanzpolieren verwenden. Dabei wieder sehr langsam und mit diesmal niedrigerer Drehzahl von ca. 1200 bis 1300/min die noch verbliebenen feinsten Polierspuren entfernen, die von der Vorpolitur mit Schleifpaste stammen.

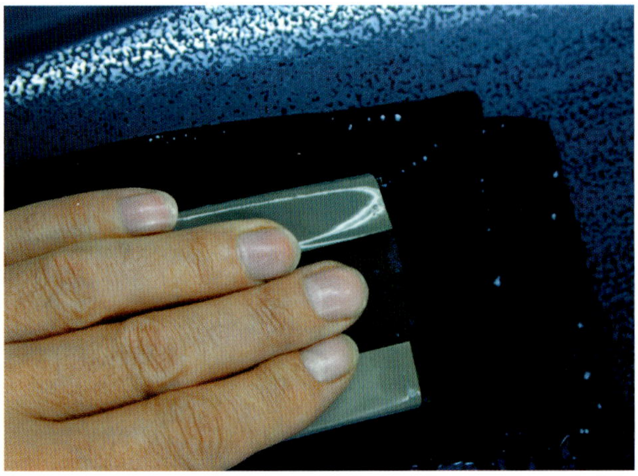

**Nur leicht mit 1500er oder 2000er Nassschleifpapier die Lackstruktur abflachen.**

**Mit einem mittelharten Schaumstoffteller und Schleifpaste poliert man die Oberfläche wieder auf.**

Ist das lackierte Teil nun perfekt und passt es ins Bild der Restkarosserie, kann das Polierergebnis mit einem Lackschutzmittel konserviert werden. Wer sich solch eine Lackkorrektur an seinen Oldtimer nicht selbst zutraut, kann natürlich auch im Fach-

betrieb Hilfe bekommen. Dieses Buch möchte Autoliebhabern und -sammlern nur die ganze Bandbreite an Reparaturmöglichkeiten aufzeigen, die man potenziell in Eigenregie durchführen kann, wenn man die Arbeitstechniken kennt und beherrscht. Manchmal ist es ja nur eine unschöne Lackreparatur, die vielleicht vor Jahren nicht fachgerecht ausgeführt worden ist, die einem den Spaß am Sammlerstück verdirbt.

## Schleifen und Polieren

Eine absolut perfekt glänzende Lackoberfläche, die solche Spiegelungen ermöglicht, ist durch reine Lackierarbeit nicht zu erreichen. Diese glasartige Oberfläche entsteht wie bei einem Konzertflügel durch aufwändige nachträgliche Schleif- und Polierarbeit. Aber Vorsicht! – nur sehr geübte und handwerklich begabte Selbermacher sollten diese Aufgabe angehen.

Als erstes braucht man eine genügend starke Lacksubstanz, um eine perfekt glatte Oberfläche zu erreichen. Sodann müssen durch vorsichtiges Schleifen alle Unebenheiten und Strukturen vollständig entfernt werden. Schließlich entsteht nur auf einer

**Der Normalfall: unbearbeitete, strukturierte Lackoberfläche mit der üblichen Spritzstruktur, Lacknarbung bzw. Orangenhaut.**

**Dis ist eine durch Schleifen perfekt geglättete und strukturlose Lackoberfläche.**

**Bei dem perfekt polierten Endergebnis ist die klare und auf planem Untergrund nicht verzerrte Spiegelung der Arbeitslampen zu erkennen.**

spiegelglatten Wasseroberfläche das perfekte Spiegelbild. Sobald sich – um bei diesem Beispiel zu bleiben – etwa durch Windeinwirkung auch nur feinste Wellen bilden, ist das Spiegelbild zerstört und weicht einem Schatten. Daran kann man erkennen, wie wichtig eine in mehreren Schichten perfekt plan geschliffene Lackoberfläche für das spätere Lackfinish ist.

Im vorhergehenden Abschnitt „Strukturangleichung" ist ja schon die grundlegende Technik des Schleifens und Polierens beschrieben worden. Für diese Aufgabe ist, wie bereits erwähnt, eine ausreichend dicke Lackschicht sehr wichtig, damit bei den späteren Schleif- und Polierarbeiten die Grundierung nicht zum Vorschein kommt. Profis benutzen daher ein Lackstärken- oder Schichtdickenmessgerät, um die Lacksubstanz auf allen Karosseriebereichen des Fahrzeuges sicher bestimmen zu können.

Wer schon einmal eine perfekt geschliffene und polierte Lackoberfläche gesehen hat, wird deren Tiefenglanz nicht mehr vergessen. Um ein solches Ergebnis zu erreichen, sollte man erst einmal an einem alten Karosserieteil das Schleifen und Polieren üben. Hierfür als ersten Schritt ohne Druck mit 1500er Papier die Struktur grob plan schleifen. Im zweiten Schritt dann mit 2000er Papier diagonal nachschleifen. Das Nassschleifpapier sollte dabei um einen Nassschleifklotz aus Moosgummi gelegt werden.

Ist nun die matte Oberfläche nach dem Trockenreiben perfekt strukturlos und hat keine glänzenden Vertiefungen mehr, kann mit dem Vorgang des Aufpolierens begonnen werden. Beachten Sie dabei, dass sowohl beim Schleifen als auch beim Polieren die Kanten- und Eckenbereiche meist eine geringere Lackstärke aufweisen und schnell durchgeschliffen bzw. -poliert sind. Wer bei solchen „Trockenübungen" bereits an einer alten Tür als Testobjekt Probleme bekommt, sollte nicht an seinem Fahrzeug Hand anlegen und möglicherweise den Lack ruinieren. Mittlerweile gibt es in Deutschland aber eine ganze Reihe von Profis, die eine solche extreme Oberflächenveredelung beherrschen und durchführen. Dort kann man sich zumindest Rat einholen, oder auch nur mal den einen oder anderen brauchbaren Tipp.

Schritt 1 – vorsichtiges grobes Vorschleifen mit 1200er Nassschleifpapier

Schritt 2 – der feinere Vorschliff mit 1500er Papier zur kompletten Strukturentfernung

Schritt 3 – das feine Nachschleifen dient der Entfernung tieferer Spuren des Vorschleifens, und wird mit 2000er oder 2500er Papier ausgeführt

Nun folgt das Aufpolieren der geschliffenen Lackoberfläche – zuerst mit der Schleifpaste, dann der feineren Schleifpolitur und zuletzt der Hochglanzpolitur

Das Ergebnis perfekter Vorarbeit

## Lackpflege

Die Lackpflege bei Oldtimern sollte stets sehr gewissenhaft und sensibel durchgeführt werden. Es ist sehr wichtig, sich bereits im Vorfeld Gedanken über den richtigen Oberflächenschutz und die Häufigkeit seiner Anwendung zu machen. Am Ende soll schließlich ein perfektes und dauerhaft glänzendes Ergebnis stehen.
Bevor wir uns mit Lackschutzmitteln und der richtigen Auftragstechnik beschäftigen, sollten wir herausfinden, welche Art Lack die Karosserie schützt. Handelt es sich um eine originale Werkslackierung, oder wurde das Fahrzeug schon einmal restauriert? Wenn nachlackiert wurde, wäre es wichtig zu erfahren, wann diese Lackierung aufgetragen wurde.

Zum besseren Verständnis im Folgenden ein paar Daten und Fakten zur Fahrzeuglackierung und Lackarten der letzten Jahrzehnte. Um 1900 wurden im Bereich der Kutschen und Fahrzeuglackierungen überwiegend Schelllacke und Japanlacke verarbeitet. Danach, zur Zeit des Ersten Weltkriegs, kamen Nitrocellulose-Lacke zum Einsatz. Am Ende der 20er-Jahre kamen dann die ersten Acrylharzlacke auf den Markt, die man später auch Kunstharzlacke nannte. Bis in die 30er- und teilweise in die 40er-Jahre hinein wurden alle Fahrzeuglacke mit dem Pinsel aufgetragen und meist auch noch sehr aufwändig geschliffen und aufpoliert. Erst danach kam das Lackieren mit der Spritzpistole auf. In den Fünfzigern waren es dann die Kunstharzlacke, die an den Bändern der Automobilindustrie eingebrannt wurden. Die 60er-Jahre wurden dann durch die ersten Zweikomponentenlacke geprägt.

Eines hatten und haben alle Lackoberflächen jedoch gemeinsam. Sie müssen, wenn man sie erhalten will, geschützt und konserviert werden. Schließlich werden alle Fahrzeuglacke nach der Trocknung bereits in den Werken aus gutem Grund mit Schutzwachsen behandelt, um Transport und Standzeiten im Freien schadlos zu überstehen. Es ist daher äußerst wichtig, selbst neuen Lacken einen Schutz zu geben und Sie zu konservieren. Ungeschützte Lackflächen werden anderenfalls von Industrieablagerungen, Abgasen und anderen Umwelteinflüssen angegriffen. Das Lackharz wird dann mit der Zeit matt und stumpf und lässt sich auch durch eine Fahrzeugwäsche nicht mehr wirklich reinigen. Auf einer solchermaßen bewitterten Lackoberfläche können sich auch Baumharze und Vogelkot festsetzen und dort tiefgehende Spuren hinterlassen.

Intelligent konservierte Lackoberflächen bieten zudem die beste Basis, wenn eine gründliche Aufarbeitung ansteht, denn mit den Jahren matt gewordene, bewitterte Lacke müssen durch relativ aggressive Polituren und Lackreiniger abgetragen werden, was zur Verringerung der Lacksubstanz führt. Deshalb sollten zur regelmäßigen Pflege über die Jahre

**Die Technik, mit zwei unterschiedlichen Tüchern zu polieren, bringt verschiedene Vorteile. Das weiße Baumwolltuch mit grober Schlaufe entfernt sicher und schonend das Gros der angetrockneten Wachsschicht und das zweite weiche Mikrofasertuch entfernt sicher, was das erste Tuch zurückgelassen hat.**

**Das Nachreiben mit einem sauberen Mikrofasertuch bringt den perfekten Glanz und nimmt die letzten Rückstände und Öle auf, die sonst das Anhaften von Staub auf der polierten Oberfläche begünstigen.**

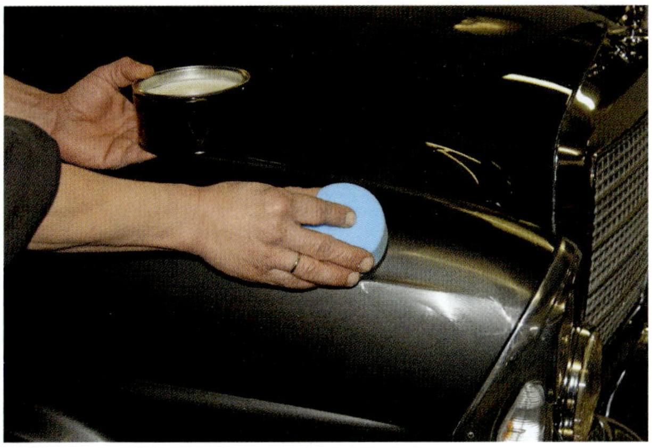

Wachs mit einem weichen Spezialschwamm aufnehmen und nur dünn auftragen.

## ALLGEMEINE ANWENDUNGSTIPPS

Ob natürliche Carnaubawachse, synthetisch unterstützte Wachse oder moderne Polymer- und Nano-Lackschutzmittel – alle sollten immer mit den weichsten verfügbaren Arbeitsmitteln ohne Druck und in geraden Putzbewegungen aufgetragen werden. Diese Arbeitstechnik vermeidet die Entstehung kreisförmiger Haarlinienkratzer, die so genannten Holografie-Effekte. Auch darf man solche Produkte nie in der prallen Sonne und auf heißen Lackoberflächen einsetzen, denn das führt zur Verdampfung von Ölen und Lösemitteln. Das Produkt lässt sich dann nicht mehr leicht und gleichmäßig auftragen und bildet Schatten auf der Lackoberfläche. Also grundsätzlich auf kühlen Oberflächen, aber nicht unter 15 Grad arbeiten, weil dann Wachse, Polymere und Polysiloxane nicht aushärten und schwierig aufzupolieren sind. Im Winter, bei niedrigen Temperaturen und hoher Luftfeuchtigkeit, wird es also kaum gelingen, ein Lackschutzmittel spurenfrei und ohne Schlieren auf- und abzutragen. Es bleibt zudem in seiner Struktur zu weich und wird bei anfälligen Wagenwäschen allzu schnell entfernt.

nur schleif- und poliermittelfreie Lackschutzprodukte auf gesäuberten Oberflächen eingesetzt werden. Sogenannte Kombiprodukte, die den Lack zugleich reinigen und schützen, können beides nur zum Teil, aber sie tragen bei jeder Anwendung Lacksubstanz ab – bei solchen Pflegemethoden wird irgendwann unweigerlich das blanke Blech zum Vorschein kommen.

Deshalb zur Pflege aller betagten Lackoberflächen und Originallacke unbedingt nur Wachse mit reichlich natürlichen Ölen einsetzen. Diese – ohne Druck und mit einem weichen Schwämmchen gleichmäßig aufgetragen – nähren den Lack, stellen seine Flexibilität und den Tiefenglanz wieder her. Den Wachs nach dem Auftragen gut antrocknen lassen und mit einem extraweichen, langschlaufigen Baumwollfrotteetuch den Überstand abtragen und die Oberfläche aufpolieren. Lackoberflächen, die in regelmäßigen Abständen so bearbeitet werden, können über viele Jahre erhalten werden und verspröden nicht. Steht das Fahrzeug im Sommer häufiger in der Sonne, verdunsten die Öle (wie auch bei Leder), und der Lack muss dann in kürzeren Abständen wieder nachbehandelt und gewachst werden.

Moderne Reparaturlacke, wie sie zum Beispiel bei einer Restaurierung zum Einsatz kommen, können auch wirkungsvoll mit moderneren Lackschutzmitteln gepflegt werden. Sie beinhalten zumeist Polymere und künstliche Wachse, besitzen recht gute Standzeiten und schützen daher bis zu einem Jahr effektiv vor Witterungseinflüssen. Auch sie werden – wie die Wachse – mit einem weichen Schwämmchen ohne Druck in geraden Bewegungen dünn aufgetragen. Diese Lackschutzmittel lassen sich, wenn sie durchgetrocknet sind, am besten mit einem weichen Mikrofasertuch spurenfrei abtragen und aufpolieren. Wirkungsvoller Lackschutz ist nicht zuletzt dann wichtig, wenn der Oldtimer viel bewegt wird, gelegentlich draußen steht und daher auch häufiger gewaschen wird.

## Nass- und Trockenreinigung

### NASSREINIGUNG

Betagte und liebevoll gepflegte Lackoberflächen sehr schonend zu reinigen, erfordert viel Gefühl, die weichsten, sauberen Waschutensilien und eine schonende Waschchemie. Denn allzu oft entstehen durch falsch ausgeführte Fahrzeugwäschen Haarlinienkratzer und der schöne Glanz der gewachsten Oberfläche wird abgetragen. Das führt dann unnötigerweise wieder zu einer Lackpolitur und Wachsnachbehandlung, um den Glanzgrad wiederherzustellen und den Lackschutz zu restaurieren.

Bei der Nassreinigung alter, empfindlicher Fahrzeugoberflächen sollte man Folgendes stets beachten: Immer zuerst sehr gründlich losen Schmutz von oben nach unten abspülen. Weiterhin sollten nur absolut weiche Hilfsmittel wie z. B. Naturschwamm oder Wollhandschuh benutzt werden, um Haarlinienkratzer zu vermeiden. Gebrauchen Sie auch nur hochwertige Autoshampoos in geringer Dosierung im warmen Wasser – die Lackkonservierung und die Gummidichtungen Ihres Schmuckstücks werden es Ihnen danken.

Sehr wichtig für die spurenfreie Fahrzeugwäsche ist auch der Gebrauch von zwei Wascheimern; der eine gefüllt mit Seifenwasser, der andere mit klarem Wasser. Nach jeder Aufnahme von Seifenwasser wird bei der Wäsche, vor jeder erneuten Seifenwasseraufnahme, der Schwamm mit dem gelösten Schmutz im zweiten Eimer ausgespült. Dadurch bleiben Naturschwamm oder Wollhandschuh sau-

Das benötigen sie für eine schonende Fahrzeugpflege.

Mit reichlich Wasser und einem milden Shampoo gelingt der Waschvorgang schonend.

Fließendes Wasser ohne Druck entfernt Shampoo und Schmutz ohne Tropfenbildung.

Bei einem so abgespülten Fahrzeug gibt es kaum noch etwas abzuledern.

ber und verursachen keine Lackbeschädigung. Anschließend gründlich mit stumpfem Wasserstrahl aus dem Schlauch alle Seifenreste abspülen. Auf diese Weise läuft auf gut konservierten Oberflächen der Wasserfilm fast vollständig ab und man braucht kaum mehr abzuledern – was wiederum die Oberflächen schont. Ein Schlauch mit Sprühdüse verursacht dagegen Hunderte von Wassertropfen auf der Lackoberfläche, die dann nur mühsam mit dem Leder getrocknet werden können, wobei durch feinste Staub- und Sandpartikel stets die Gefahr der Bildung von Haarlinienkratzern gegeben ist.

**WICHTIG:** Verwenden Sie auch bei älteren Fahrzeugen keine Spülmittel und starken Reiniger oder Shampoos für die Wäsche. Diese stark entfettenden Mittel entfernen sehr schnell Wachse und Konservierungsöle der Pflegemittel. Auch Gummidichtungen und Kunststoffoberflächen werden damit stark entfettet und schnell brüchig. Gleichfalls wird das Korrosionsschutzöl einer Metallpolitur unerwünschterweise sofort abgewaschen.

## TROCKENREINIGUNG

Es mag überraschend klingen, aber unter Fachleuten im Messe- und Ausstellungsbereich ist unbestritten, dass die Trockenreinigung, sofern sie sorgfältig ausgeführt wird, die schonendere Variante ist, um Fahrzeugoberflächen von leichten Verschmutzungen zu befreien, d. h., nach einer Ausfahrt z. B. Insektenreste, Baumsäfte oder Fingerabdrücke spurenfrei zu entfernen. Aber auch der Belag durch Abgase und Straßenstaub wird mühelos und schonend, auch auf gewachsten Lackoberflächen entfernt. Somit ist einfach und in wenigen Minuten das Fahrzeug von anhaftenden leichten Verschmutzungen gereinigt und kann abgestellt werden. Dabei sollte zuerst sehr vorsichtig mit einem wachsgetränkten Baumwollbesen aller loser Schmutz und Sandpartikel entfernt werden. Der zweite Schritt ist die Nachreinigung mit einer sogenannten Trockenwäsche und einem sehr weichen, langfaserigen Baumwoll-

**Mit dem wachsgetränkten Baumwollbesen lassen sich sehr schonend Staub und loser Schmutz entfernen Das Nachbehandeln mit einer Trockenwäsche bringt dann spurenlose Restreinigung und Hochglanz.**

oder besser noch Mikrofasertuch. Durch leichtes Aufsprühen eines Glanzgleitmittels und das Verteilen dieser Flüssigkeit werden leichte Schmutz- und Wasserränder sowie Fingerabdrücke gelöst. Jetzt wird das Tuch gewendet und nimmt den gelösten Schmutz mit der Flüssigkeit auf. Es entsteht eine glänzende, saubere, streifenfreie Oberfläche, deren Konservierung bei dieser Art der Reinigung in vollem Umfang erhalten bleibt.

**WICHTIG:** Nur leicht verschmutzte Fahrzeuge auf die hier beschriebene Art reinigen. Zunächst immer erst losen, gröberen Schmutz mit dem Staubbesen entfernen. Dann nur langfaserige, sehr weiche Tücher verwenden, die in der Lage sind, Schmutzpartikel und Insektenreste aufzunehmen, ohne die Oberfläche zu verkratzen.

## Verdecke

### REINIGUNG VON STOFFVERDECKEN

Stoffverdecke – ob alt oder neu – müssen immer sehr vorsichtig und gefühlvoll gereinigt werden. Grundsätzlich sollten durch gründliches Saugen loser Schmutz und Sandpartikel entfernt werden. Anschließend das Dach sorgfältig abspülen und dabei

gleichmäßig nass machen. Bei alten Verdeckstoffen empfiehlt sich anschließend der Einsatz des Reinigers von Renovo, der mit einem weichen Pinsel aufgetragen wird und je nach Verschmutzungsgrad bis zu einer Stunde auf der Oberfläche einwirken kann. Anschließend das Dach leicht mit Wasser einsprühen und mit einer weichen Nylonbürste (Wichtig: harte Borsten beschädigen den Verdeckstoff und verschleißen den Faden!) in Faserrichtung shampoonieren. Dieser Vorgang kann bei der Grundreinigung eines alten Verdeckstoffes auch wiederholt werden. Immer im Anschluss mit viel Wasser Schmutz und Shampooreste gründlich abspülen. Bei neuen Verdeckstoffen ist es vollkommen ausreichend, einen modernen Sprühreiniger (z. B. Ragg Topp) aufs nasse Verdeck aufzubringen. Anschließend auch hier mit der weichen Nylonbürste aufschwemmen lassen und nach ca. 15 min. gründlich abspülen.
Bei alten und neuen Verdeckstoffen gilt grundsätzlich: Vor jeder weiteren Bearbeitung – zum Beispiel Färben oder Imprägnieren – alles komplett durchtrocknen lassen. Dann noch einmal gründlich absaugen und kleine Fusseln oder Flusen mit Kleberolle oder Klebeband entfernen. Ein gut imprägniertes, nur leicht verschmutztes Dach braucht bei der Fahr-

**Zuerst gründlich saugen. Was dann noch an Fusseln am Verdeckstoff haftet, mit Kleberoller oder Klebeband entfernen.**

**Mit einer weichen Natur- oder Nylonbürste in Faserrichtung arbeiten.**

zeugwäsche zwischendurch nur mit klarem Wasser gereinigt zu werden. Bei stärkerer Verschmutzung haben sich auch Neutralseife oder Haarshampoo als milde Reinigung bewährt.

## VERDECKFÄRBUNG

Bei alten und verblichenen, aber in der Gewebestruktur noch festen, stabilen Verdeckstoffen empfiehlt sich eine Nachfärbung zur Farbauffrischung. Das in den Abbildungen zum Einsatz kommende System verklebt oder verhärtet den Stoff nicht und bringt optisch quasi neuwertige Ergebnisse in den Farben Schwarz, Dunkelblau und Dunkelbraun. Dieses wasserbasierte Färbungssystem lässt sich einfach mit einem weichen Pinsel oder einer Schaumstoffwalze verarbeiten.

Das Dach muss vorher, wie bereits beschrieben, mit dem Grundreiniger gereinigt werden. Dabei werden Schmutz und Reste alter Imprägnierung entfernt. Das ist äußerst wichtig, um die Farbstoffe in den Faden eindringen zu lassen, und eine gleichmäßige Färbung zu gewährleisten. Sollten noch Öle oder Imprägnierreste im Gewebe vorhanden sein, weil nicht sorgfältig genug tiefengereinigt wurde, resultiert das zwangsläufig in einem nach dem Färbevorgang fleckig aussehenden Dach. Daher nur auf das gründlich gereinigte und getrocknete Verdeck mit Pinsel oder Walze die Tönung nass auftragen. Wenn etwas Farbe daneben tropft oder aus dem Verdeck läuft, reicht ein feuchtes Tuch aus, um sie von Lack- oder Glasoberflächen zu entfernen.

Anschließend das Dach komplett trocknen lassen und begutachten, ob eine einheitliche Farbsättigung erreicht wurde. Bei stark ausgeblichenen Stoffen kann auch mal eine zweite Färbung nötig sein. Die kann sofort nach der Trocknung der ersten Schicht erfolgen. Ist danach ein schöner, gleichmäßiger Farbton entstanden, muss man das Dach mindestens eine Stunde trocknen lassen, bevor die schützende Imprägnierung aufgetragen werden kann.

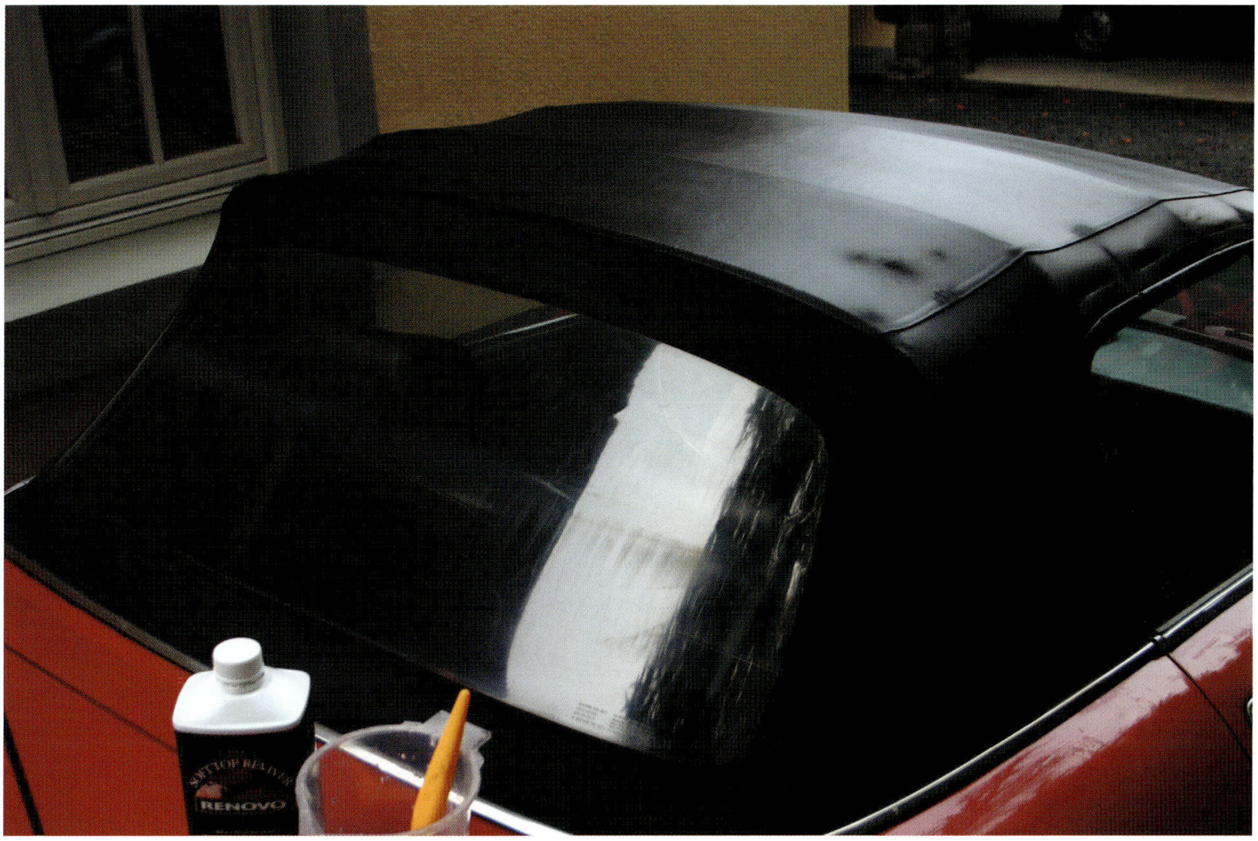

**PROFITIPP:** Nicht nur ausgeblichene Verdeckstoffe können auf die beschriebene Weise gefärbt werden, sondern auch durch Vogelkot oder Chemikalien fleckig gewordene Verdecke lassen sich wieder in Schuss bringen.

## VERDECKIMPRÄGNIERUNG

Die Imprägnierung eines Verdeckstoffes ist maßgeblich für die Lebensdauer und Schönheit des Cabriodachs zuständig. Aber nur wenige auf dem Markt befindliche Produkte sind in der Lage, Schmutz, Vogelkot und schädliche UV-Strahlen vom Verdeck fernzuhalten. Ein imprägnierter Stoff ist resistent gegen das Eindringen von Schmutz, Abgasrückständen, Baumharzen und Vogelkot. All diese Verschmutzungen lassen sich von einem geschützten Dach durch eine normale Fahrzeugwäsche mühelos entfernen. Auch ein wirksamer UV-Schutz ist wichtig, um ein Ausbleichen der Farbbestandteile und ein Altern der Verdeckstoffe zu vermeiden. Weiterhin muss das Produkt lösemittelfrei sein, um bei neueren Verdeckstoffen das Gummituch unter der Stofflage nicht zu zersetzen.

Grundsätzlich sollte eine Schutzimprägnierung nur auf ein sehr gründlich gereinigtes Verdeck aufgetragen werden. Bei alten Verdeckstoffen hat sich das Produkt von Renovo in den letzten Jahren bewährt. Es wird einfach mit einem weichen Pinsel oder einer Schaumstoffwalze gleichmäßig nass aufgetragen und dichtet auch leichte Undichtigkeiten an den Nähten ab. Bei erneuerten Verdecken mit modernen Stoffmaterialien hat sich das Produkt Ragg Topp hervorragend bewährt. Es wird auch von den beiden führenden Verdeckstoffherstellern empfohlen und einfach auf das gereinigte Dach aus ca. 40 cm Entfernung in zwei bis drei dünnen Schichten aufgesprüht. Zwischen den Sprühaufträgen kann der Sprühnebel mit einem weichen Baumwoll- oder Mikrofasertuch einfach von Lack- und Glasflächen

**Streichbare Imprägnierungen für ältere und gefärbte Verdecke, sprühbare für gut erhaltene und neuwertige Verdeckstoffe.**

entfernt werden. Beide Produkte, gewissenhaft verarbeitet, schützen den Verdeckstoff wirkungsvoll über mehrere Monate bis hin zu einem Jahr – je nach der Häufigkeit von Fahrzeugwäschen und Regenfahrten.

Wer sein Cabriodach in regelmäßigen Abständen imprägniert, verlängert deutlich die Lebensdauer des Verdeckstoffes; zudem ist es einfacher zu reinigen und über Jahre hinweg farbintensiver.

## Vinyldächer

Diese speziellen Dächer waren in den 60er- und 70er-Jahren bei Limousinen und vor allem Coupés schwer in Mode. Die im Dachbereich verklebten Vinyl- und PVC-Strukturfolien sahen vom weiten wie ein Cabriodach aus und gaben den damaligen Fahrzeugen ein sportlich-edles Aussehen. Da diese Materialien über die Jahre meist stark gelitten haben, sollten sie sehr behutsam bearbeitet und gepflegt werden. Bei vielen ergrauten Materialien kommt jedoch nach einer gründlichen Reinigung und Pflege die ursprüngliche Farbe zurück.

**Werkzeuge sowie Reinigungs- und Pflegemittel für Vinylverdecke**

Das Vinyldach sollte zuerst einmal mit fließendem Wasser abgespült werden. Danach einen Spezialreiniger für Vinylverdecke mit einem Pinsel satt auftragen und bis zu 30 Minuten im Schatten einwirken lassen. Dann mit etwas Wasser und einer weichen Nylon- oder Naturhaarbürste die Narbenstruktur der Oberfläche gründlich reinigen. Anschließend mit viel Wasser sorgfältig abspülen bis sämtlicher Schaum und Schmutz verschwunden sind. Nun das Dach vorsichtig mit einem schlaufigen Baumwoll- oder Mikrofasertuch trocknen, und die gereinigte Oberfläche auf letzte Schmutzreste untersuchen. Gegebenenfalls noch einmal reinigen, um später durch die Imprägnierung keine Schmutzreste mit zu versiegeln.

Ist das Dach sauber und komplett abgetrocknet, kann die Farbe auffrischende Vinylverdeckversiegelung aufgebracht werden. Dazu das Produkt gut schütteln und in eine flache Schale geben. Kleine weiche Schaumstoffschwämmchen haben sich zum Auftragen solcher Mittel bestens bewährt. Mit einem Schwämmchen etwas Flüssigkeit aufnehmen und gleichmäßig dünn mit überlappenden Bewegungen auftragen. Sicher stellen, dass auch die Vertiefungen in der Narbenstruktur mit dem Produkt

**Den Reiniger satt mit einem Pinsel auftragen und nach Herstellerangaben einwirken lassen.**

**Mit etwas Wasser und einer Nylonbürste den Reiniger in die Oberfläche einarbeiten, anschließend abspülen.**

benetzt werden. Dann das Produkt trocknen lassen und abschließend beurteilen, ob es gerade bei älteren, vernachlässigten Materialien eventuell vonnöten ist, eine zweite Schutzschicht aufzubringen. Meist bekommt das Vinyl/PVC-Material dadurch mehr Farbtiefe und Schutz. Wer sein Vinyldach oder -verdeck regelmäßig so pflegt und schützt, wird lange Freude daran haben, da Bewitterung und UV-Strahlung keine Schäden anrichten können.

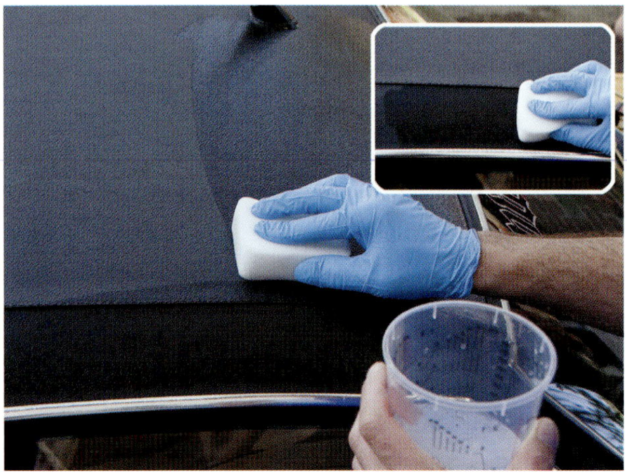

**PROFITIPP:** Silikonhaltige Cockpitpflegemittel sind kein wirksamer Schutz für ein Vinyldach oder -verdeck. Diese Mittel halten meist nur bis zur nächsten Regenfahrt oder Shampoowäsche und müssen ständig neu aufgetragen werden. Das aber macht die Dachbeschichtung weich und klebrig und schädigt die Oberfläche damit nachhaltig.

**Versiegelungsprodukt mit weichem Schwämmchen dünn auftragen.**

## Metalloberflächen

### REINIGUNG UND PFLEGE

Metalloberflächen, zum Beispiel Chrom, Alu und Messing, müssen regelmäßig gepflegt werden, um Oxidationsschäden zu vermeiden. Dabei ist die Wahl des Mittels für die anschließende Versiegelung für das Endergebnis und die Langzeitwirkung von entscheidender Bedeutung. Für bereits angegriffene und poröse Metall- und galvanische Oberflächen hat sich die 2-Schritt-Anwendung in der Vergangenheit bestens bewährt. Aber auch restaurierte Metalloberflächen wie z. B. der neue verchromte Kühlergrill muss wirksam gegen Bewitterung und Anlaufspuren geschützt werden, ohne dabei zu verkratzen.

Es ist daher sehr wichtig, alle Polituren und Metallreiniger vorher auf Ihre Eignung zu überprüfen. Immer erst die mildesten Produkte mit der geringsten Schleifwirkung ausprobieren, bevor man zu aggressiveren Mitteln greift, die in jedem Fall nachteilige Verkratzungen, selbst bei galvanischen Oberflächen, bewirken.

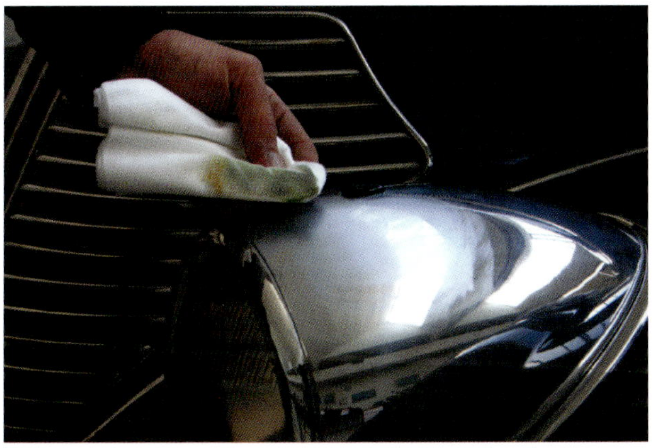

**Mit einem weichen Tuch und Chrompolitur Anlaufspuren und Flugrost entfernen**

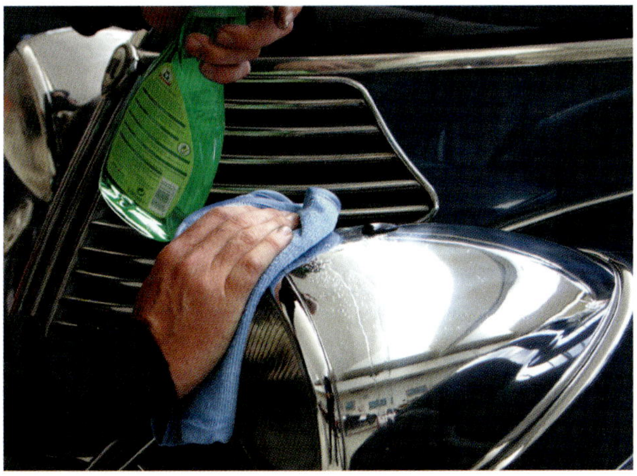

**Nach dem vollständigen Austrocknen des Poliermittels mit sauberem Baumwolltuch nachreiben**

### CHROMTEILE

Zuerst einmal die zu reinigenden Oberflächen genau betrachten und den Grad der Bewitterung und/oder der Oxidation feststellen. Erst nach diesem Befund werden Poliermittel und Werkzeug ausgesucht.

Bei ganz leichter Bewitterung mit Anlaufspuren die mildeste Politur mit einem weichen Schwämmchen oder einem weichen, feuchten Baumwolltuch verarbeiten.

Bei stärkeren Oxidationsspuren und Flugrost ein stärker reinigendes Produkt mit einem grobschlaufigen, trockenen Baumwolltuch verarbeiten, bis alle Anlaufspuren beseitigt sind.

Um die so mittels Poliermittel gereinigten Chromoberflächen länger vor erneuter Bewitterung und Flugrost zu bewahren, empfiehlt sich folgende Nachbehandlung: Etwas Glasreiniger aufsprühen und mit einem weichen Mikrofasertuch Öle und Poliermittelreste sorgfältig entfernen. Auf solchermaßen behandelten Oberflächen hält anschließend eine Polymerversiegelung oder ein Hartwachs, der die Metalloberflächen über viele Wochen und Wäschen vor erneutem Anlaufen schützt.

Auch neuwertiger Chrom sollte nur mit Glasreiniger entfettet und gleich mit Polymerversiegelung oder Wachs versehen werden.

**PROFITIPP: Eine neuwertige galvanische Oberfläche nie mit einer groben Metallpolitur bearbeiten. Man kann anderenfalls schon nach nur einer Anwendung feine Haarlinienkratzer auf den Zierteilen erkennen.**

Für die bei Klassikern häufig vorkommenden Chromspeichenfelgen gibt es übrigens eine sehr effektive Putztechnik, um Anlaufspuren perfekt zu entfernen. Die abgebildeten getränkten Putzbänder werden einmal um jede einzelne Speiche gewickelt.

ALFA-ROMEO
MILANO

**Mit dem Polierband ist eine perfekte Rundumreinigung möglich.**

**Flächige Anlaufspuren können auch schonend mit der getränkten Polierwatte entfernt werden.**

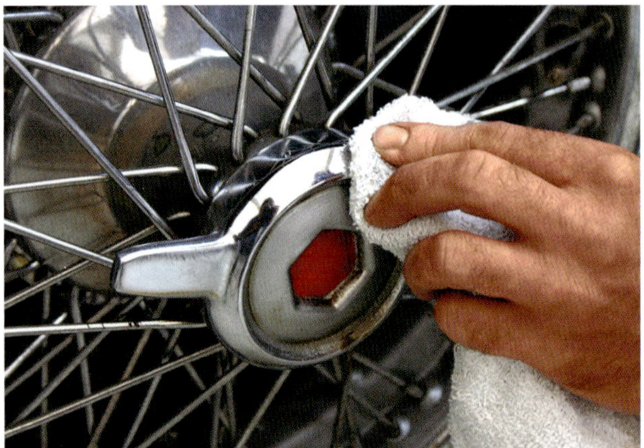

**Alle angetrockneten Oxidations- und Poliermittelreste mit einem Baumwolltuch sorgfältig entfernen.**

Durch anschließendes Ziehen in beide Richtungen poliert das Band die Oberfläche der Speiche rundum. Nach dem Antrocknen des Poliermittels muss es nur noch abgestaubt werden – danach glänzt die Chromspeiche wieder in alter Pracht. Ein Streifen Baumwolle kann anschließend für das Auftragen einer Konservierung benutzt werden.

Alte, poröse Chromoberflächen schützt man nach dem Polieren am Besten durch Einsprühen mit Waffenöl (z. B. Ballistol), wodurch erneuter Flugrostbefall verhindert wird. Die gleiche Arbeitstechnik ist auch ideal, wenn es um vorbeugenden Schutz bei langen Standzeiten oder die Überwinterung des Fahrzeugs in feuchten Garagenräumlichkeiten geht.

## ALUMINIUM

Die Reinigung und Restaurierung von Aluminiumoberflächen erfordert etwas mehr Geduld, denn teilweise müssen tiefe Kratzer, Macken oder Oxidationsspuren aus der Oberfläche geschliffen werden. Aber wie schon bei Chrom sind Polituren mit grobkörnigen, aggressiven Schleifmitteln nur dann einzusetzen, wenn die zu bearbeitende Oberfläche sehr stark bewittert oder bereits massiv abgeschliffen ist.

Um zu prüfen, welche Metallpolitur in ihrer Wirkung milder oder stärker ist, gibt es einen einfachen Test. Geben Sie einen Tupfer oder Tropfen der verschiedenen Metallpolituren auf etwas unbehandeltes Aluminium. Verreiben Sie ihn anschließend mit dem Finger in kreisrunden Bewegungen (ca. 10 mal), und sie werden feststellen, dass die Mittel eine unterschiedliche Schwärzung hervorrufen. Die geringste Abriebschwärze entsteht bei dem mildesten Mittel. Dieser kleine Test versetzt sie nun in die Lage, die Wirkungsintensität unterschiedlicher Produkte selbst zu beurteilen.

Nun aber zur Anwendung. Tiefe Kratzspuren können mit feinsten Nassschleifpapieren der Körnungen 800 bis 2000 und etwas Öl als Gleitmittel vorsichtig ausgeschliffen werden. Die tiefsten Riefen dabei zuerst mit gröberem Papier entfernen und – Schritt für Schritt immer feinere Körnungen nutzend – nachschleifen. Das nach dieser Prozedur am Schluss verbleibende feine Schleifbild kann dann mit einer wirkungsvollen Alupolitur perfekt auspoliert werden. Wendet man in der Folge nun eine noch feinere Alu-, Metall- oder Messingpolitur an, wird der Glanz immer weiter gesteigert, und selbst feinste Spuren in der Oberfläche verschwinden.

Für Ratschläge zum Langzeitschutz siehe den Abschnitt Anlauf- und Oxidationsschutz.

**Auf einem Abfallstück rohen Aluminiums können mit dem Finger verschiedene Metallpolituren auf die Wirksamkeit (d.h. Aggressivität) ihrer Polierwirkung getestet werden.**

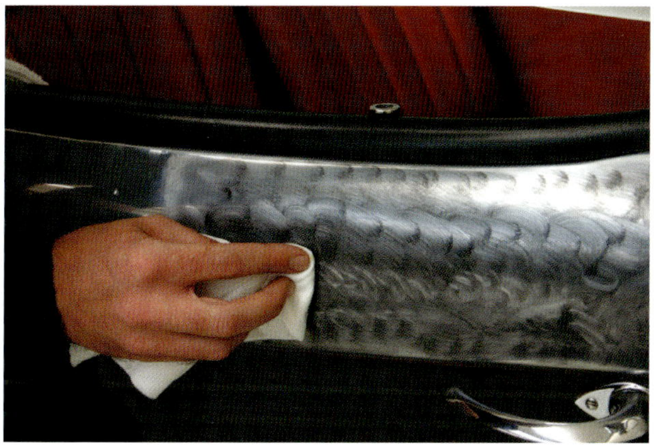

**Durch druckvolle kleine, kreisende Bewegungen mit einer stärkeren Politur lassen sich gröbere Anlaufspuren entfernen.**

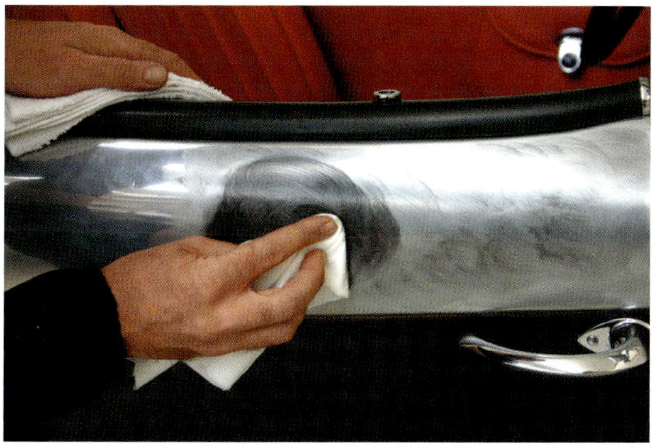

**Durch weniger Druck und größere Kreisbewegungen mit einer sehr milden Politur können feinste Spuren entfernt und der Glanzgrad gesteigert werden.**

## MESSING, BRONZE UND KUPFER

Diese Weichmetalle lassen sich genau wie Aluminium ausbessern und polieren. Da diese Metalle noch weicher sind, können bei der Bearbeitung die mildesten Polituren eingesetzt werden. Auch sollte das Polieren mit weichen Baumwolltüchern und ohne großen Druck erfolgen, um Polierspuren zu vermeiden. Auch hier kann durch Nachbehandeln (siehe folgenden Abschnitt) ein Langzeitanlaufschutz aufgebracht werden.

## ANLAUF- UND OXIDATIONSSCHUTZ

Um bei gereinigten und polierten Metalloberflächen einen Anlauf- und Oxidationsschutz perfekt aufzutragen, empfiehlt sich folgendes Vorgehen. Nach jeder Politur muss die Oberfläche zunächst wieder gegen Bewitterung geschützt werden. Dazu wird sie zuerst mit einem Glasreiniger und einem weichen Mikrofasertuch sorgfältig gereinigt. Danach kann auch beim Chrom eine Polymerversiegelung oder ein Hartwachs als Oberflächenschutz aufgetragen werden.

Diese Maßnahme bewirkt, dass feinste Poren (z. B. bei angewitterten Chromoberflächen) aufgefüllt und verschlossen werden, damit sie nicht bei hoher Luftfeuchtigkeit und Regen wieder aufblühen und die Oberfläche mattieren. Es reicht auch meist bei

**Bei diesen weichen Buntmetallen reichen die mildesten Polituren und weichsten Tücher, um perfekte Ergebnisse zu erzielen.**

Metalloberflächen aus, mit einem weichen Tuch und einem Lackschutzmittel ab und zu nachzukonservieren, um die Oberfläche wirkungsvoll und lang anhaltend zu schützen. Die auf der gegenüberliegenden Seite abgebildeten Profipolituren besitzen von sich aus schon einen guten Anlaufschutz, der nur im Bedarfsfall oder zur Wirkungsverlängerung gelegentlich aufgefrischt werden muss.

## REINIGEN UND PFLEGEN VON CHROMSPEICHENRÄDERN

Um die einmal mühevoll restaurierten oder aufpolierten Metallfelgen nicht durch unsachgemäße Reinigung zu schädigen, sollte man generell auf

**Durch die Oberflächenreinigung mit einem Glasreiniger und einem Mikrofasertuch werden alle Öle, die die Haftung eines Langzeitschutzmittels verhindern, entfernt.**

**Nur mit sehr weichen, sauberen Tüchern und einer Versiegelung sollten Metalloberflächen gegen schnelles Wiederanlaufen und Oxidation geschützt werden.**

**Links: Wirksames Aluminium-Poliermittel**
**Rechts: Silikonfreies Chrom- und Edelstahl-Poliermittel**

**Das klassische Chromputzmittel**

gute Oberflächenkonservierung durch Wachs oder Polymere achten. Nur mit milden rückfettenden Reinigern arbeiten. „Chemische Keulen" nur im äußersten Notfall einsetzen und dann anschließend die entfernten Konservierungen sofort erneuern. Aber wenden wir uns der mildesten Reinigungstechnik, bestehend aus rückfettenden Seifen (Neutralseife, Glycerinseife) und weichen mechanischen Bürsten zu. Dieses System ist der Garant für beschädigungsfreies Reinigen von galvanischen, lackierten Oberflächen. Zusätzlich bleibt die mühevoll aufgetragene Konservierung lange erhalten. Regelmäßiges mildes Reinigen lässt Verschmutzungen sich gar nicht erst fest setzen und erspart

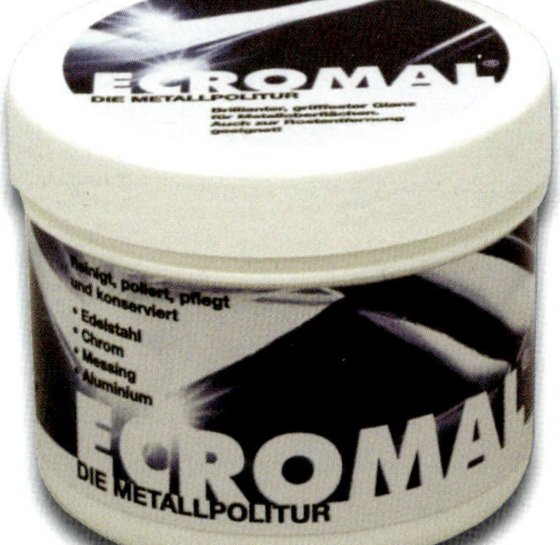


die Anwendungen aggressiver Felgenreiniger. Die Bandbreite von Verschmutzungen auf Rädern ist groß, von verstaubten bis hin zu verkrusteten und eingebrannten Oberflächen findet sich alles. Das Entstauben von Rädern wird vorzugsweise mit Druckluft und weichen rotierenden Naturhaarbürsten im Akkuschrauber bewerkstelligt. Wenn anschließend nötig, nur mit klarem Wasser nachspülen und Räder wieder trocknen. Beim Waschen sollten Sie nur jedes Rad einzeln bearbeiten, um das Antrocknen von gelöstem Schmutz und Reinigern zu vermeiden. Zuerst einmal Vorreinigen mit einem starken Wasserstrahl, um losen Schmutz- und Bremsstaub abzuspülen und den verbleibenden Schmutz vorzuweichen. Achtung: Mit Hochdruckreinigern beim Abspritzen von Speichenfelgen der Oberfläche nicht zu nahe kommen. Der harte Wasserstrahl kann an den Schraubsockeln der Speichen in das Felgenbett eindringen und dort bis zum nächsten Reifenwechsel verbleiben. Außerdem ist derartig druckvoll auftreffendes Wasser in der Lage, Konservierungsöle, Metallschutzmittel und Wachse zu entfernen.

**Mit einer weichen Naturhaarbürste lassen sich Speichenfelgen nass und trocken reinigen.**

Die weitere milde Reinigung sollte nach dem Vorreinigen abschnittsweise mit den weichen Bürsten und etwas Seife begonnen werden. Dort haben sich in den letzten Jahren die kleinen rotierenden Bürsten für Akkuschrauber bestens bewährt. Diese mechanischen Hilfen sind in der Lage, mit milden Reinigern rund um die Speichen im Felgenbett bis in die Tiefe und auf der Rückseite gründlich zu reinigen. Nur wenn Seifen mit dieser schonenden Methode keine gründliche Reinigung bewirken können, milde chemische Felgenreiniger einsetzen, die

gleichmäßig verarbeitet werden. Am Besten sprüht man den Felgenreiniger auf die rotierende Bürste. Damit wirken Chemie und mechanische Reinigungskraft in idealer Kombination und nur dort, wo der Reiniger auch benötigt wird. Sprühnebel von Reinigern, der sich unkontrolliert überall festsetzen kann, entsteht so erst gar nicht. Während der Verwendung von Felgenreinigern zwischendurch die bereits bearbeiteten Stellen mit Wasser abspülen. Beim Einsatz von Felgenreinigern die maximale Einwirkzeit unbedingt beachten, damit es nicht zu gravierenden Schäden auf der Oberfläche kommt.

Die wirklich gründliche Reinigung wird 1 bis 2 mal pro Jahr am demontierten Rad vorgenommen, wobei es dann auch möglich ist, die Rückseite perfekt zu reinigen und anschließend zu konservieren. Eine Langzeitversiegelung kann die Felgen über eine ganze Saison schützen. Bremsbelagabrieb hat kaum noch Chancen, sich auf diesen Oberflächen festzusetzen.

## Auffrischen von Blinker- und Rücklichtgläsern

Ausgeblichene und spröde Blinker- und Rücklichtgläser können farblich wieder aufgefrischt werden. Dazu muss in einem ersten Schritt festgestellt wer-

**Zuerst das Blinker- oder Rücklichtglas gründlich reinigen und anschließend mit einer Acryl- und Plexiglas-Politur sorgfältig die Gebrauchsspuren entfernen.**

den, ob der Kunststoff noch tiefenbrillant und ohne Facettenbrüche ist.

Ein gut erhaltener Kunststoff kann von außen mit einer Plexiglas-Politur perfekt aufpoliert und anschließend mit einer Lackversiegelung geschützt werden. Danach wird die Innenseite mit einer Zahnbürste und lauwarmem Wasser mit ein wenig Spülmittel gründlich gereinigt und entfettet. Danach gut abspülen und trocken fönen, damit der transparente Farblack in dünnen Schichten bis zum gewünschten Farbton aufgesprüht werden kann. Nach

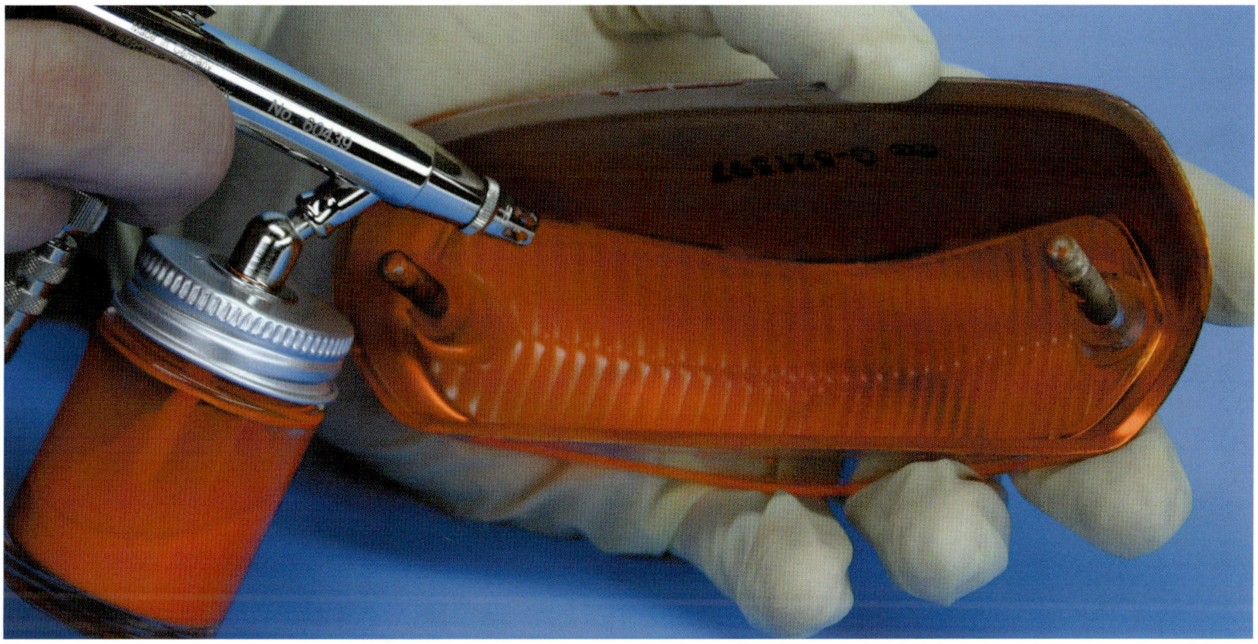


**Gut erhaltene, aber ausgeblichene Gläser von innen und versprödete Gläser von außen dünn lackieren. Bei kleineren Gläsern ist eine Airbrush-Pistole die bessere Wahl, bei größeren eine Dekor-Pistole.**

**Hier ist der Unterschied vorher/nachher gut zu erkennen. Der transparente Farblack versetzt das alte Blinkerglas wieder in einen akzeptablen straßentauglichen Zustand.**

dem Aufbringen jeder dünnen Schicht trocken fönen, um Laufspuren der Lackschicht im Blinker- oder Rücklichtglas zu vermeiden. Bei kleinen Gläsern eignet sich eine Airbrush-Pistole am Besten zum gefühlvollen Auftragen der Farblasur, bei größeren Flächen oder beim Sprühen von außen kommt vorzugsweise eine Dekor-Pistole zum Einsatz.

Bei stark gealterten Gläsern mit Facettenbrüchen wird die transparente Farblasur von außen aufgetragen. Auch hier wird die Oberfläche zunächst gründlich gereinigt und (mit Reinigungsbenzin) entfettet und anschließend mit einem feinen Schleifpad matt geschliffen. Danach gründlich abstauben und in dünnen Spritzgängen, diesmal von außen, überlackieren, bis der Farbton einem neuen Blinker- (orange) oder Rücklichtglas (rot) gleicht. Anschließend muss von außen ein Klarlack des gleichen Lacksystems überlackiert werden, um die Lasurschicht vor Witterungseinflüssen und UV-Ausbleichung wirkungsvoll zu schützen. Dann über Nacht trocknen lassen, gegebenenfalls leicht überpolieren und wieder einbauen.

Auf diese Weise restaurierte Blinker- und Rückleuchtengläser, die wieder farbintensiv ihren Dienst tun, werden auch ohne Beanstandung den TÜV passieren. Übrigens: Durch das Überlackieren von außen verschwinden auch die feinen Risse im Kunststoffmaterial. Die hier verwendeten Materialien stammen von Metalflake.

# Altleder auffrischen

## WISSENSWERTES ÜBER OLDTIMER-LEDER

Der besondere Charakter einer alten Lederausstattung besteht aus Optik (Patina), Geruch und Griff des Leders. All dies ist nicht mit einer neuen Lederausstattung zu vergleichen. Um ein solches altes Leder zu erhalten, aufzufrischen oder zu färben, ist es sehr wichtig, einige Fakten über Leder zu kennen.

Fast alle Autoleder waren bis in die 50er-Jahre oder – je nach Hersteller – zum Teil sogar bis in die 70er-Jahre hinein pflanzlich gegerbt. Dies erkennt man einfach daran, dass das Leder nicht durchgefärbt ist, sondern seine Innenseite ein naturfarbenes Braun zeigt. Die Oberflächen wurden jeweils mit Nitrolacken lackiert oder, wie es in der Fachsprache heißt, zugerichtet. Diese Lacke sind von Natur aus hart, also werden sie mit Weichmachern (Öle) flexibel gemacht. Diese Weichmacher oxidieren mit der Zeit und bilden Haarrisse, die sich nach und nach zu sogenannten Trockenbrüchen entwickeln.

Diese pflanzlich gegerbten alten Leder sind zudem besonders wasser- und hitzeempfindlich. Daher Vorsicht! – Wasser ist der Feind von altem Leder. Vermeiden sie es daher unter allen Umständen, das Leder bei der Reinigung nass zu machen. Verwenden Sie nur feuchte Schwämme mit Reinigungsschaum. Auch Hitze schadet altem Leder nachhaltig. Deshalb bitte niemals Leder in der Sonne reinigen. Es würde nur unnötig hart werden und – schlimmer noch – sogar schrumpfen.

Autoleder neueren Datums wurden und werden für die Bedürfnisse der Fahrzeugindustrie chromgegerbt und mit modernen Lacksystemen zugerichtet (lackiert). Diese sind weitaus leichter und unproblematischer zu reinigen als die pflanzlich gegerbten Leder und deshalb meist in restaurierten Fahrzeugen und Youngtimern zu finden.

### LEDERREINIGUNG

Bevor wir eine alte Lederausstattung pflegen oder restaurieren können, sollte mit viel Sorgfalt eine schonende, aber sehr gründliche Reinigung erfolgen.

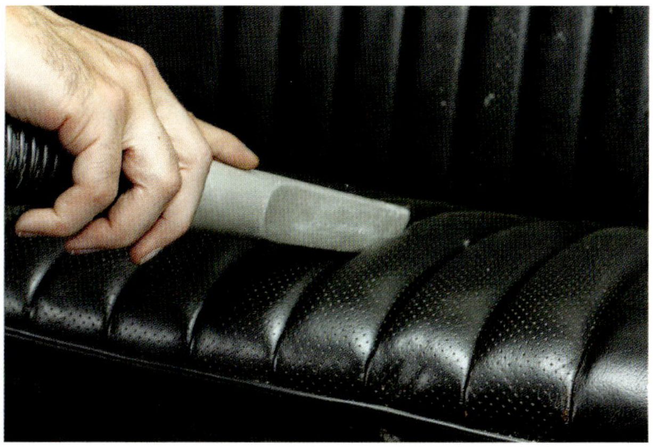

**Der erste Schritt jeder Lederreinigung ist gründliches Absaugen loser Schmutzpartikel.**

**Die milde, schonende Reinigung mit glyzerinreicher Lederseife bei leichter Verschmutzung.**

**Etwas leistungsstärker sind die chemischen Reiniger (es gibt milde und stark wirkende Produkte) – sie sind auch auf empfindlichen Glattledern wirkungsvoll.**

**Wichtig bei der Lederreinigung: Nur auf kleinen Sektionen den Schmutz lösen und sofort mit einem weichen Tuch entfernen, bevor der gelöste Schmutz in das Leder eindringen kann.**

Der erste Schritt einer perfekten Reinigung ist das gründliche Absaugen von losem Schmutz und Sandpartikeln. Mit einer weichen (!) Bürste können zusätzlich aus Falten und Nähten während des Saugens Fremdpartikel gelöst werden. Das ist sehr wichtig, weil diese losen Partikel bei der Reinigung die Farbschicht mechanisch abschleifen können.

Nach dem gründlichen Absaugen der Oberfläche können wir uns der eigentlichen Reinigung widmen. Dabei sollte, je nach Grad der Verschmutzung, die Reinigungschemie verwendet werden. Es sollte immer erst eine milde Variante getestet werden, bevor man stärkere Reiniger einsetzt. Milde Reiniger schonen Leder und Farbschicht, stärkere Reiniger

**Lederseife mild – glyzerinreiche Seife zur schonenden Schmutzentfernung**

**Lederreiniger mild – zur schonenden, aber gründlichen Lederreinigung**

**Lederreiniger stark – kraftvoll besonders bei älteren und hellen Ledern**

können bei alten Farbschichten Ablösungen von Farbpigmenten hervorrufen. Also erst einmal einen milden Reiniger auf ein sauberes feuchtes Schwämmchen geben, durch Kneten des Schwämmchens Schaum bilden und an einer verdeckten Stelle ausprobieren. Entsteht ein klares Bild und ist beim Nachreiben mit einem weichen Baumwolltuch gelöster Schmutz sichtbar, kann das milde Produkt eingesetzt werden.

**PROFITIPP:** **Bei Reinigung einer dreidimensionalen Lederoberfläche immer eine feuchte Bürste oder einen Schwamm einsetzen, und mit einem langfaserigen Baumwolltuch den gelösten Schmutz aus der Strukturoberfläche gründlich entfernen. Denn gelöster Schmutz, der nicht umgehend entfernt wird, kann ins Leder einziehen.**

Die auf beschriebene Art gründlich gereinigte Lederoberfläche ist nun bereit für die Aufnahme eines Pflegemittels.

## SCHIMMELENTFERNUNG

Manche Fahrzeuge werden in feuchten Garagen abgestellt, und es entstehen – beinahe unvermeidlich – Beläge und unangenehme Gerüche der Lederausstattung. Meistens handelt es sich dabei um Schimmel, der tiefgehend entfernt werden muss, um das Leder langfristig zu erhalten und für die Fahrzeuginsassen ein gesundes Raumklima (Schimmelsporen!) wiederherzustellen.

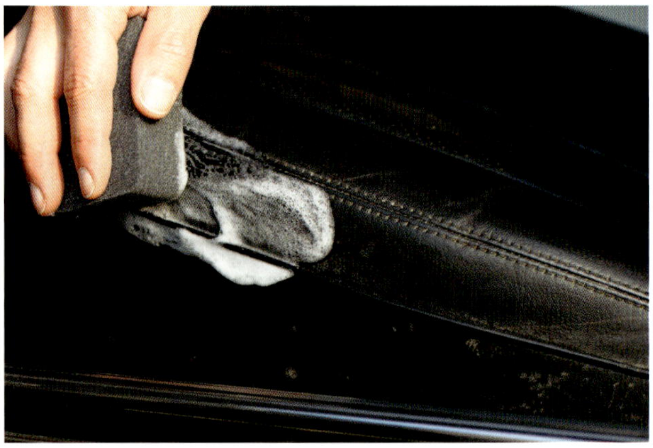

**Gründliches Reinigen mit starkem Lederreiniger entfernt sicher Oberflächenanlaufspuren.**

**Das Nachreiben mit verdünnter Essigessenz ist wichtig, um Schimmelsporen abzutöten, das Leder wirkungsvoll zu erhalten und wieder ein gesundes Raumklima herzustellen.**

**Durch Tupfen erst einmal Abriebstellen sättigen, und anschließend Einstiegskanten nachtönen**

Dazu muss das Leder nach dem Absaugen gründlich mit einem starken Lederreiniger abgerieben werden. Nach dieser sorgfältigen Reinigung wird das Leder ein- bis zweimal mit verdünnter Essigessenz (1 Teil Wasser : 1 Teil Essenz) nachbehandelt bzw. abgerieben. Das Absäuern des Leders mit Essigessenz neutralisiert Gerüche und der pH-Wert (neues Leder hat einen pH-Wert von 3,5) wird günstig beeinflusst. Durch diesen Arbeitsgang werden Schimmelsporen getötet und neue können nicht mehr so leicht entstehen.

Anschließend muss das Leder wieder mit einem Pflegemittel konserviert werden. Sollten trotz gründlicher Reinigung aller Oberflächen im Fahrzeuginnenraum noch Gerüche vorhanden sein, kann zusätzlich ein Geruchsminderer eingesetzt werden. Wenn der gesamte Polsterkern von Schimmel durchsetzt ist, muss ein Sattler ihn erneuern.

## FARBAUFFRISCHUNG

Bei alten Lederausstattungen wird der Zahn der Zeit auch an der Farbkraft des Leders genagt haben. Jahrzehntelange Lichteinwirkung, Abnutzungsspuren und sicher auch mangelnde Pflege führen hier unweigerlich zu Trockenbrüchen, Abschleifungen

und anderen Schäden. Mit Hilfe der heute verfügbaren Techniken kann aber auch hier für Abhilfe gesorgt werden.
Zuerst das Leder gründlich säubern wie im entsprechenden Abschnitt beschrieben. Danach müssen sehr sorgfältig alte Wachse, Silikone und Pflegemittelreste mit einem Lederreinigungs- oder Feuerzeugbenzin und einem flauschigen Baumwolltuch

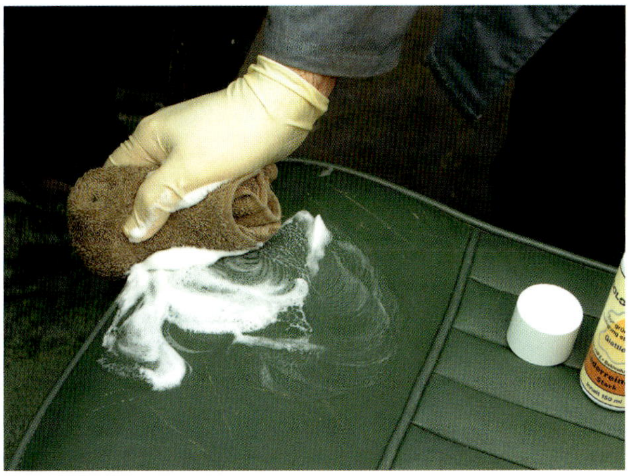

**Ein aufgeschäumter, starker Lederreiniger wird zur Grundreinigung wirkungsvoll eingesetzt.**

entfernt werden. Das ist wichtig, um der Tönung sicheres Eindringen und Haften in der Oberfläche zu gewährleisten. Ist die Lederoberfläche derart vorbereitet, können eventuell notwendige Reparaturen, wie z. B. mit Flüssigleder, oder das vorsichtige Glätten einer rauen Stelle mit einem 600er Schleifpad durchgeführt werden (siehe Abschnitt Lederfärbung).

reichen. Durch den behutsamen Einsatz eines Föns kann der Trocknungsprozess zwischen dem Aufbringen der Schichten beschleunigt werden.

**WICHTIG: Die Tönung nur in kleinen Segmenten von Naht zu Naht auftragen und vollständig trocken fönen, bevor eine erneute Schicht aufgetragen wird.**

Ist ein gleichmäßiger Farbton erreicht und die Tönung durchgetrocknet, sollte das Leder anschließend geschützt werden.

**Eine Lederausstattung mit Verschleißspuren vor der Reinigung und Farbauffrischung**

Anschließend noch einmal gründlich absaugen, und schon kann die Farbauffrischung beginnen. Mit einem weichen Schwämmchen in kleinen kreisenden Bewegungen das Lederfresh-Produkt sehr dünn auftragen und zwischendurch mit einem Fön trocknen. Wichtig dabei: Lieber 2 bis 3 dünne Schichten Pigment auftragen als das Leder einmal zu nass machen. Bei durchgeschliffenen Einstiegskanten sollte man zunächst etwas Tönung auftupfen, um eine optimale Farbsättigung der Abriebstelle zu erreichen.

Die beschriebene Methode eignet sich auch hervorragend, um die ganze Lederausstattung farblich aufzufrischen. Oder nur, wie gezeigt, um Einstiegskanten zu reparieren. In stark strapazierten Bereichen kann eine zusätzliche Lederversiegelung lang anhaltend vor erneutem Farbabrieb schützen. Ansonsten ist der Protektor (s. Produktabb. S. 106) ein pflegender UV-Schutz, der die Lederoberfläche ca. drei Monate wirksam vor schädlichen Einwirkungen der Sonneneinstrahlung schützt.

Raue und poröse Farbschichten können vorsichtig mit einem 600er Schleifpad geglättet werden.

Anschließend die Lederoberfläche mit Reinigungsbenzin entfetten und von Pflegemittelresten befreien, um eine optimale Haftung der Farbpigmentierung sicher zu stellen.

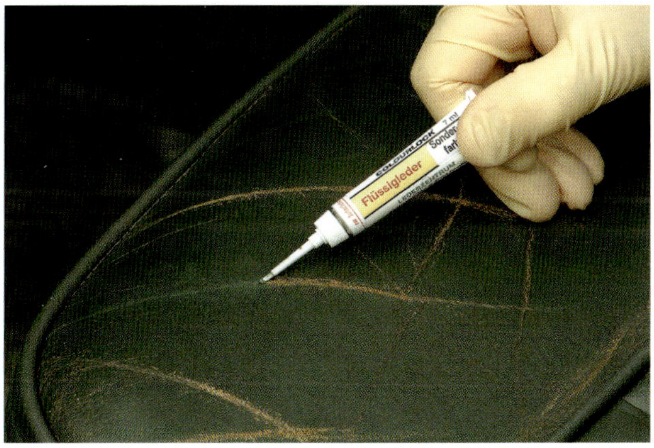


Mit getöntem Flüssigleder können Brüche und Beschädigungen aufgefüllt werden (siehe Lederreparatur u. Färbung).

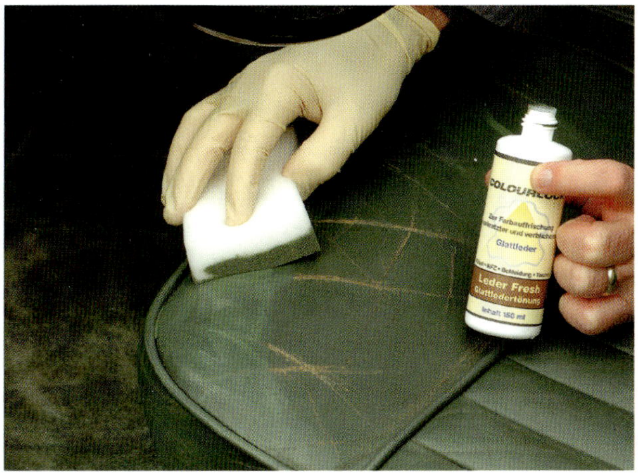

In dünnen Schichten mit einem Schwämmchen die Pigmentierung auftragen, bis die Oberfläche einheitlich gedeckt ist. Anschließend das getönte Leder mit Pflegemittel behandeln (siehe Abschnitt Lederpflege).

## Lederreparatur und -färbung

Wenn bei einer alten Lederausstattung ein Austausch nicht in Frage kommt, kann mit etwas Aufwand eine Reparatur und Färbung durchgeführt werden, die zum Erhalt des schönen alten Leders beiträgt. Dafür muss man zuerst einmal die Lederoberfläche gründlich reinigen. Bei dieser abgebildeten, bereits vor Jahren schon einmal übergefärbten Jaguar-Innenausstattung müssen die alten, dicken Lackschichten entfernt werden. Zu diesem Zweck nehmen wir Baumwolltücher und GLD-Lösung, um die alten Lackschichten zunächst sanft anzulösen und dann abzutragen. Wir verwenden für diesen Arbeitsschritt kein Aceton, weil dadurch das alte Leder zu stark verhärten würde.

Nachdem der alte Lackaufbau weitgehend entfernt worden ist, können anschließend vorsichtig mit einem flexiblen 600er Schleifmittel die Oberfläche und die Kanten der Trockenbrüche geglättet werden. Den Schleifstaub anschließend gründlich durch Saugen und danach durch Abpusten mit Pressluft entfernen. Um zu prüfen, ob die Lederoberfläche auch wirklich fettfrei ist, benutzen wir ein handelsübliches Klebeband. Wenn es nicht haftet, müssen die Oberflächen noch einmal mit Lederreinigungs-

benzin abgerieben werden. Danach widmen wir uns den Trockenbrüchen und den Kederschäden bei dieser alten Lederausstattung.

## REPARATUR VON TROCKENBRÜCHEN

Mit sogenanntem Flüssigleder lassen sich Trockenbrüche auffüllen und verstärken, und mit etwas Geschick sieht ein reparierter Bruch anschließend aus wie eine Narbung. Um die Haftung für die flexible Reparaturmasse zu erhöhen, werden die Brüche zunächst mit einem Pinsel und Ledergrundierung benetzt. Nach einigen Minuten ist die Grundierung getrocknet, und wir können mit dem Auftragen der Flüssigleder-Reparaturmasse beginnen.

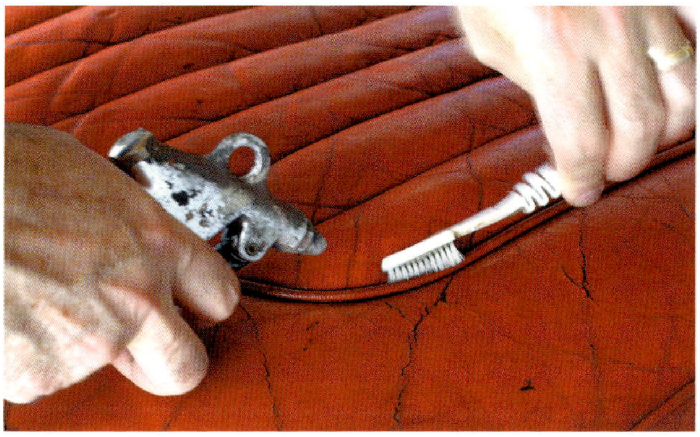

Losen Schmutz aus allen Ecken und Kanten gründlich mit Druckluft entfernen.

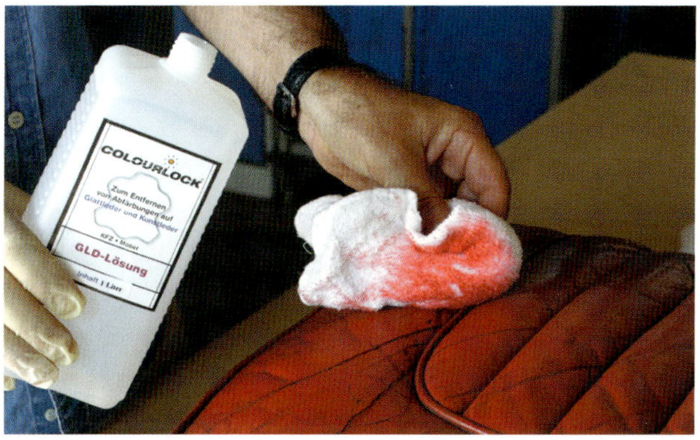


Mit der GLD-Lösung und einem Baumwolltuch die alte Farbschicht anlösen und abreiben.

Die von alten Farbschichten befreite Lederoberfläche

Nun folgt ein leichtes Anschleifen der Oberfläche mit einem Schleifpad Korn 600.

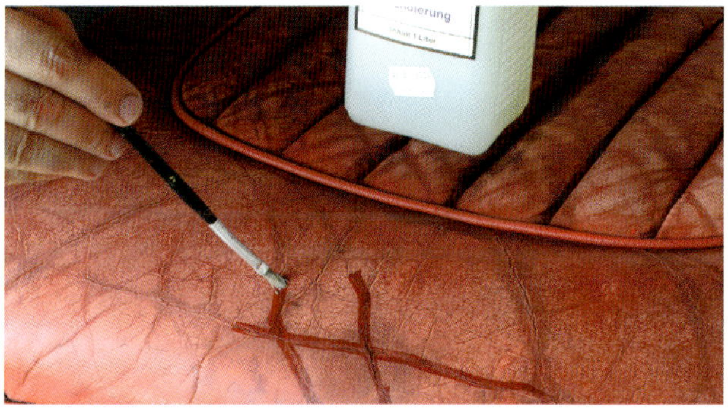

Nach erneuter gründlicher Reinigung mit einem Pinsel und Ledergrundierung die Trockenbrüche einstreichen.

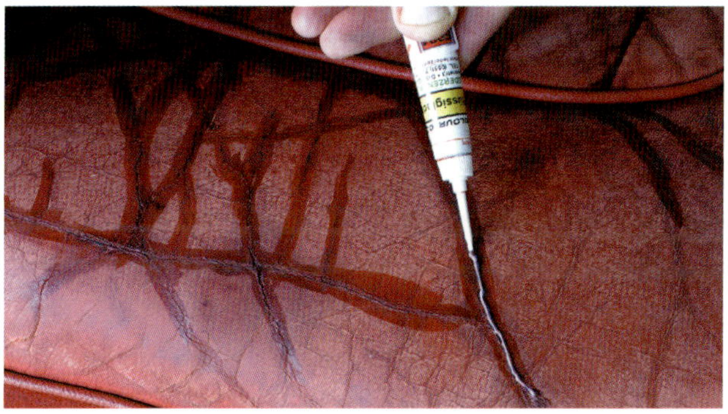

Nach Trocknung der Grundierung vorsichtig mit der Dosierkappe Flüssigleder in die Trockenbrüche füllen.

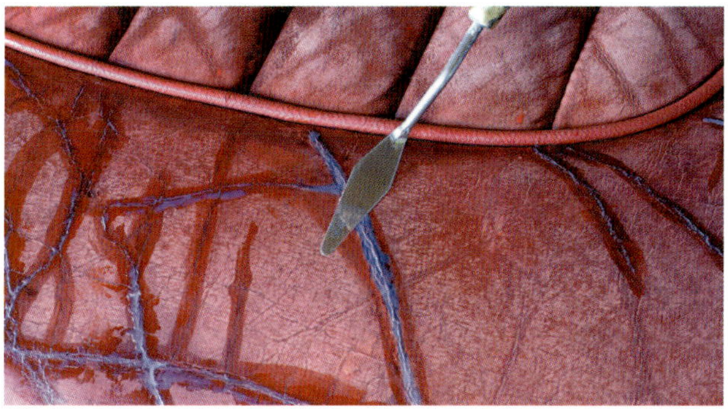

Solange die Reparaturmasse weich ist, mit einem Spachtel glätten und verstreichen.

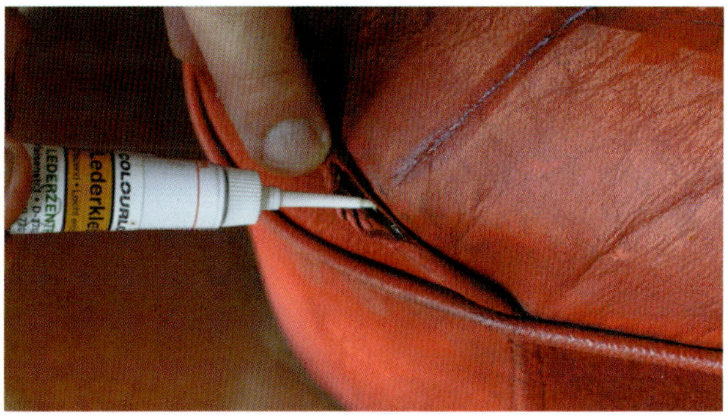

Lose Reste der Kederummantelung und die frei liegende Schnur mit dem Untergrund verkleben.

**Grundierung – transparenter Haftgrund auf Wasserbasis für Leder und aufgeraute Lederfarben**

Mit der Dosierspitze der Tube vorsichtig die pastöse Masse in die Bruchnarbung einfüllen. Das Produkt kann im weichen Zustand mit einem Spachtel verarbeitet und geglättet werden. Wenn später die Reparaturstelle durchgetrocknet ist, ergibt sich eine leichte Vertiefung, die optisch einer Trockennarbung täuschend ähnlich sieht. Mit GLD-Lösung und feinem Schleifpapier der Körnung 600 kann überstehende Reparaturmasse beigeschliffen werden. Ebenso lässt sich mit einem weichen Tuch und GLD-Lösung auch neben der Reparaturstelle überschüssiges Flüssigleder entfernen.

Durch diese Behandlung ist nun die reparierte Oberfläche genauso flexibel wie das alte Leder. Bei größeren Reparaturstellen kann – falls nötig – die Oberfläche mit einem Prägewerkzeug nachträglich lederartig strukturiert werden.

## KEDERREPARATUR

In der Zwischenzeit wenden wir uns der Kederreparatur zu. Hierbei zunächst lose Kederreste und die lose Kordel mit flexiblem Lederkleber auf dem Untergrund befestigen. Nach vollständiger Trocknung auch hier etwas Grundierung auftupfen und vorsichtig trocken fönen. Anschließend kann mit Flüssigkleber die Reparaturstelle wie auf S. 107 gezeigt aufgefüllt und verstärkt werden. Wenn die Reparaturmasse getrocknet ist, kann auch die Kederkontur mit GLD-Lösung und 600er Schleifpapier geglättet werden.

## LEDERFÄRBUNG

Für den handwerklich geübten Oldtimerliebhaber, der schon mit einer Spritzpistole gearbeitet hat, ist es heutzutage sogar möglich, mit für den professionellen Einsatz gedachten Produkten eine Lederausstattung ein- oder umzufärben. Das hier gezeigte System eignet sich hervorragend für die Reparatur und lässt die Lederoberfläche anschließend flexibel, griffig und

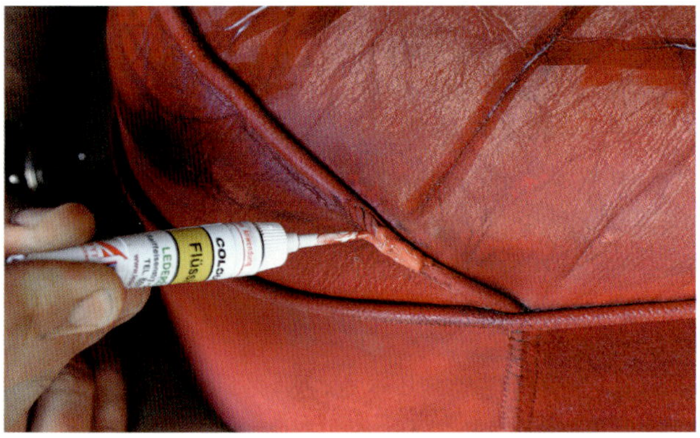

**Nach Trocknung mit Ledergrundierung abtupfen und anschließend mit Flüssigleder die Kederform ergänzen.**

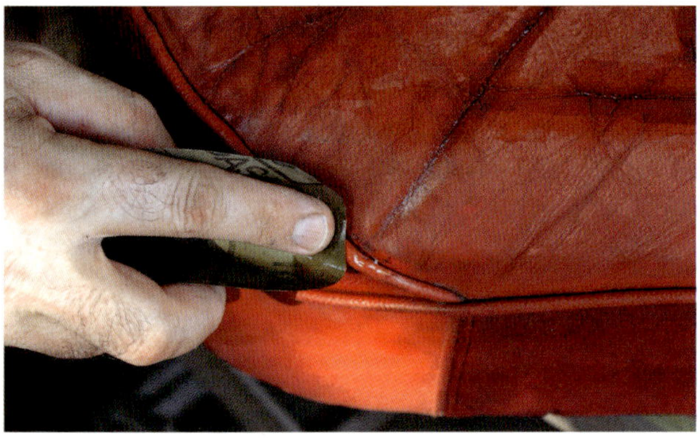

**Ist die Reparaturmasse durchgehärtet, kann die Reparaturstelle mit GLD und Schleifpapier geglättet werden.**

**Nach erneuter Reinigung durch Abblasen wird die Grundierung in dünnen Schichten (1-2) und bei niedrigem Druck von ca. 2 bar aufgetragen.**

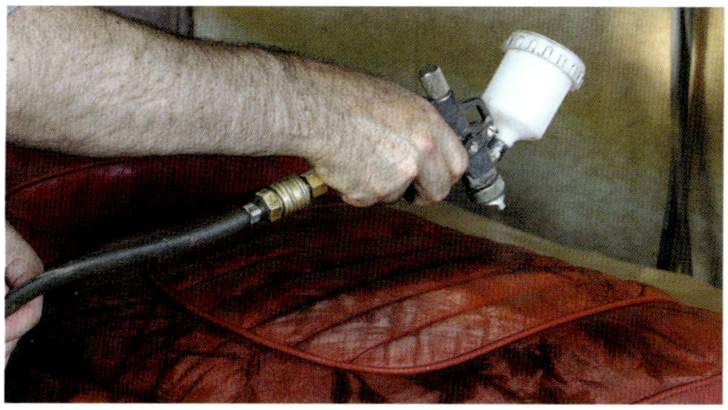

**Die Deckfarbe zuerst in Falten und Kederbereichen dünn mit einem Rundstrahl vorlackieren.**

**Anschließend die Oberfläche in dünnen Schichten gleichmäßig lackieren. Zwischen jeder aufgebrachten Schicht vorsichtig trocken fönen.**

**Die noch nasse, vollständig farblich deckende Oberfläche des Fahrzeugsitzes.**

**Nach Durchtrocknung der Farbschicht kann die Oberfläche mit 3000er Papier geglättet und mit einem Top Coat gegen Abrieb geschützt werden.**

weiterhin luft- und wasserdampfdurchlässig sein. Zuerst einmal vorsichtig mit dem 600er Schleifpad die Lederoberfläche glätten und entspannen. Anschließend gründlich reinigen und abblasen. Sodann die Ledergrundierung unverdünnt in eine Dekor-Pistole füllen und mit geringem Druck (ca. 2 bar) in sehr dünnen Schichten aufspritzen, trocken fönen und danach die Oberfläche genau betrachten. Bei stark beanspruchten Stellen muss gegebenenfalls nachgrundiert werden, bis eine optimale Sättigung erreicht ist. Die flexible Ledergrundierung sorgt hier für die als Endergebnis angestrebte perfekte Weichheit und Flexibilität des Materials.

Ist nun die Grundierung getrocknet und die Lederoberfläche durchgehend leicht klebrig, können wir mit dem Pigmentieren beginnen. Die Farbe gründlich durchsieben und in die Pistole füllen. Wiederum mit ca. 2 bar Druck und hauchdünnen Spritzgängen langsam und mehrschichtig den Farbton erreichen. Dabei mit der Lackierung zuerst in Vertiefungen und Polsterfalten beginnen – erst danach die flächigen Oberflächen lackieren. Nach jeder dünnen, leicht aufgebrachten Farbschicht trocken fönen. Nur soviel Pigment auftragen wie nötig, um den gewünschten Farbton zu erreichen. Eine zu dicke Farbschicht würde den Griff und die Weichheit des Leders nachteilig verändern.

Ist nun der Farbton erreicht und die Pigmentierung nach ca. zwei Stunden getrocknet, kann leicht mit 3000er Papier nachgeschliffen werden, um die Oberfläche zu glätten. Ist die Lederfarbe gleichmäßig und fehlerfrei, kann der Top Coat darüber lackiert werden, um die Pigmentierung vor Abrieb zu schützen. Dieser Top Coat wird, angereichert mit 1 % Vernetzer in den Schutzlack eingerührt. Den Top Coat dabei sorgfältig durchsieben und in ein bis zwei dünnen Schichten mit jeweiliger Zwischentrocknung (Fön) flächendeckend im Kreuzgang auflackieren.

**WICHTIG: Alle Lackierarbeiten mit Atemschutzmaske in gut belüfteten Räumen ausführen.**

Alles 24 bis 48 Stunden durchtrocknen lassen und zur Endkontrolle einen Sicherheitstest mit einem feuchtem Tuch auf Sitzflächen durchführen. Sollte dabei Farbabrieb festzustellen sein, muss nochmals vorsichtig mit Top Coat nachlackiert werden.

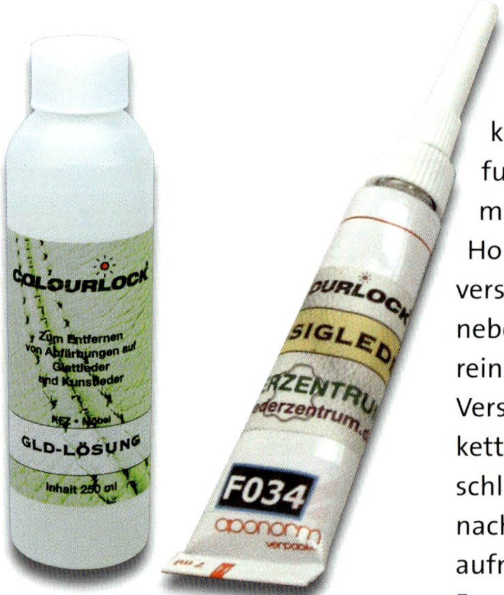


**Lösemittel – GLD eignet sich zum Anlösen und Entfernen von alten Lederfarben. Ein auch als Verdünnung für Farben sehr taugliches Produkt.**

**Flüssigleder – dauerelastische Reparaturpaste zum Auffüllen von Löchern, Kratzern und Trockenbrüchen.**

## Holzpflege und -restaurierung

Thema dieses Abschnitts sind die bei klassischen Fahrzeugen häufig zu findenden Armaturenbretter und sonstigen Innenraum-Zierteile aus Holz, deren Reinigung, Pflege und Auffrischung.
In die Jahre gekommene Innenausstattungselemente aus Holz bei Young- und Oldtimern sollten – wie alle betagten Materialien und Untergründe – stets mit großer Vorsicht gereinigt und gepflegt werden, um bleibenden Schäden vorzubeugen. Zu viel Feuchtigkeit oder gar Nässe bei der Reinigung kann zur Ablösung und zum Aufquellen von Holzfurnieren führen, da deren äußere Lackschicht meist feine Risse und Brüche aufweist, weil Holzoberflächen im Lauf der Jahre arbeiten und verspröden. Daher bitte nur mit weichen, höchstens nebelfeuchten Baumwoll- oder Mikrofasertüchern reinigen. Bei stärkeren Nikotin- oder fettartigen Verschmutzungen etwas Neutralseife oder Parkettreiniger auf das leicht feuchte Tuch geben. Anschließend mit einem ebenfalls leicht feuchten Tuch nachreiben und gelösten Schmutz und Seifenreste aufnehmen. Danach mit einem trockenen Tuch die Feuchtigkeit durch Nachreiben sofort entfernen. Auf diese Weise behutsam gereinigte lackierte Holzoberflächen im Interieur werden es Ihnen danken.

Wenn nach Abschluss der Reinigung festgestellt wird, dass die Oberflächen eine leichte Mattigkeit oder feine Kratzer und mechanische Spuren aufweisen, kann die alte Lackoberfläche vorsichtig aufgefrischt werden. Dazu etwas Polierpaste auf ein weiches Baumwolltuch geben und mit leichtem Druck in Richtung der Holzmaserung verarbeiten. Sollte

Lackierte Holzarmaturenbretter und Zierteile, lassen sich wieder von Gebrauchsspuren befreien.

Wenn die Holzteile bereits leichte Schäden aufweisen, wie z. B. kleine Furnierablösungen, oder eine Auffrischung gebrauchen könnten, ist auch ein geübter Laie mit den nötigen Arbeiten nicht überfordert

**Diese alte Holzausstattung eines Mercedes-Benz 230 (W 143) befindet sich in schlechtem Zustand.**

das Ergebnis nicht zufrieden stellend ausfallen, diesen Vorgang mit einem härteren Baumwolltuch und etwas mehr Druck und Ausdauer wiederholen – dadurch wird etwas mehr Lackabtrag erzielt. Wenn nötig anschließend noch einmal mit etwas milderer Politur und einem ganz weichen Baumwolltuch schlierenfreien Glanz herstellen. Zum Schluss kann mit einem flauschigen, langflorigen Mikrofasertuch nachgerieben werden, um alle Poliermittelrückstände zu entfernen.

**PROFITIPP: Sollten einmal Poliermittelreste angetrocknet sein, das Mikrofasertuch ganz leicht anfeuchten und damit sämtliche Rückstände problemlos entfernen.**

Danach sollte in ein bis zwei dünnen Schichten Carnaubawachs aufgetragen werden. Dieser schließt die Poren und schützt die Oberfläche lang anhaltend vor Feuchtigkeit und Nässe und wirkt zugleich dem Austrocknen und Verspröden der Lackschicht wirksam entgegen. Auch lässt sich die gewachste Holzoberfläche leichter von Verschmutzungen befreien.

**So entfernt man alte Lackschichten manuell.**

Kleinere Funierablösungen behebt man wie folgt: Die durch die Ablösung entstandene Luftblase auf dem Furnier mit einem Skalpell vorsichtig einschneiden und durch den Schnitt einen Tropfen Sekundenkleber auf den Untergrund aufgetragen. Anschließend das gelöste Furnier mit einem Handschuh andrücken und je nach Raumtemperatur 10 bis 30 Sekunden festhalten. Danach sollte das Furnier wieder fest auf dem Untergrund haften.

Bei kleinen Splitterablösungen des Furniers kann gleichermaßen vorgegangen werden. Nur bei größeren sollte mit einem sogenannten Lackleim das gelöste Furnier aufgeleimt werden. Dieses Spezialprodukt ermöglicht eine sichere Verleimung auf alten, glasierten Leimschichten. Also etwas Leim mit einem Furnierspan unter der gelösten Stelle aufbringen, etwas Papier auflegen und je nach Formgebung der Reparaturstelle eine mehr oder weniger flexible Auflage hinzufügen. Anschließend mit einer Schraub- oder Klemmzwinge, oder wenn dies nicht möglich ist, durch ein stramm umwickeltes Packband Druck erzeugen. Nach Drucktrocknung der Verleimung (bitte Herstellerangaben beachten!) die Oberflächen säubern und – falls der Lack noch in Ordnung ist – beipolieren. Feine Überstände an den Splitterrändern lassen sich mit 3000er Nassschleifpapier beischleifen und anschließend mit Polierpaste wieder aufpolieren.

**PROFITIPP:** **Keine chemischen Abbeizer benutzen. Diese kö nnen unter der Lackschicht ins Furnier oder in das Massivholz eindringen und Verleimungen lösen. Weiterhin kann es zu massiven Problemen beim späteren Lackieren kommen, wenn die Lösungsmittel den Abbeizer in der Holzoberfläche wieder aktivieren. Also bitte sehr gefühlvoll den Holzformen folgend die alten Lacksubstanzen mechanisch entfernen. Auch beim Schleifen sollten Sie kein gröberes als 120er Papier verwenden, um nicht gerade bei furnierten Oberflächen zu viel Substanz zu entfernen oder durchzuschleifen. Ist nun die alte Lackschicht komplett abgetragen, kann vorsichtig noch feiner mit 240er Papier nachgeschliffen werden. Jetzt sieht man deutlich, in welchem Zustand die Holzoberfläche ist und welche Fehler, Absplitterungen oder Druckspuren vorhanden sind. Bei Massivhölzern kann man solche Fehlstellen meist aus der Substanz durch Schleifen entfernen. Bei furnierten Oberflächen geht dies nicht, weil dort weniger als 1 mm Holzsubstanz vorhanden ist. In einem solchen Fall hilft nur das erneute Furnieren der Oberfläche.**

## FURNIEREN

Das Veredeln von Holzoberflächen durch Edelholzfurniere hat schon eine lange Tradition. Damit lassen sich preisgünstige, gewöhnliche Hölzer an der Oberfläche mit z. T. teuren oder exotischen Furnieren verschönern. Bei der Restaurierung von Fahrzeugausstattungen verwendet man heute sogenannte Messerfurniere, die durch ein Messer auf 0,6 bis 0,8 mm Stärke geschnitten (gemessert) werden. Diese dünnen Echtholzschichten in der Breite des Baumstammes werden getrocknet und gebündelt. Es gibt darunter auch sehr teure Furniere, z. B. Wurzelholzfurniere, die heute in vielen Edelkarossen Standardausstattung sind.

Aber nun zur Verarbeitungstechnik. Nach der Wahl des Furniers wird es je nach gewünschter Wuchsrichtung zusammen gelegt. Dort wo ein Holzbild entstehen soll oder verlängert wird, muss das

Furnier gestürzt und gefügt werden. Man legt die Furniere grob zugeschnitten aneinander, dann kippt man sie übereinander und mit einer Metallschiene und einem scharfen Cuttermesser oder einer Furniersäge wird eine saubere gerade Kante erzeugt. Nun wird das Furnier wieder auseinandergelegt und Schnittkante an Schnittkante gefügt. Wenn das Holz dicht liegt und keine Fuge entsteht, kann das Zusammenkleben erfolgen. Hierbei hat sich das Tesa-Packband im Profieinsatz bestens bewährt.

**Von oben nach unten: Das Zuschneiden und Zusammenfügen sowie Verkleben der Furniere erfordert sehr sorgfältiges Arbeiten.**
**Um Rissbildung vorzubeugen, hat sich vollflächiges Verkleben unter Zuhilfenahme von Tesa-Packband bestens bewährt.**
**Nicht originale Löcher im Armaturenbrett können vorher ausgeleimt werden.**

Es verklebt die aneinander gelegten Furniere, ohne Kleberückstände zu hinterlassen und hat noch einen gravierenden Vorteil: Bei ganzflächigen Verklebungen kann das Furnier nicht reißen, wenn es in Formen gepresst wird (gewölbte Zierteile, z. B. Armaturengehäuse). Nachdem nun das Furnier für das abgebildete alte Mercedes-Armaturenbrett fertig ist und dieses durch Grobschliff auch bereit zur neuen Furnierauflage, können wir mit der Verleimung beginnen. Entscheidend ist, dass das alte Furnier durch Zahnhobel und grobes Schleifpapier auf einer geraden Schleifunterlage entfernt worden ist und Löcher oder nicht originale Öffnungen ausgeleimt oder gekittet wurden. Als Leim sollte nur wasserfester Leim, z. B. Ponal, verwendet werden, damit es später keine Ablösungen gibt. Mit einem Pinsel den Leim gleichmäßig dünn auf das Armaturenbrett auftragen und das Furnier mit dem Klebestreifen nach oben auflegen. Das eigentliche sogenannte Furnieren erfolgt nun durch Pressen zwischen zwei Zulagebrettern. Profitipp: Auf die Zulagenplatte wird, wo das Furnier aufliegt, eine dünne, ca. 5 mm starke Schicht Styropor aufgelegt, um gleichmäßigen Druck auch auf etwas abgerundete Kanten zu gewährleisten. Nachdem alles zwischen den Zulagen liegt, können vorsichtig von der Mitte nach außen die Schraubzwingen angesetzt und gleichmäßiger Druck aufgebaut werden. Trockenzeiten für die Verleimung entnehmen Sie bitte den Leimherstellerangaben.

## FURNIERE BEARBEITEN

Wenn die Zulagenplatten entfernt wurden, kann das Beiarbeiten der furnierten Oberfläche beginnen. Die überstehenden Kanten müssen vorsichtig bearbeitet werden, damit kein Ausreißen oder Split-

**Von oben nach unten: Nachdem der Leim gleichmäßig aufgetragen worden ist, wurde das Amaturenbrett auf die Furnieroberfläche gelegt.**
**Eine dünne Styroporunterlage sorgt für gleichmäßigen Druck.**
**Unten links: Das Pressen der Verleimung zwischen zwei Zulagenplatten.**

tern im Kantenbereich auftritt. Dazu kann mit der Kante eines Stecheisens das Furnier vorgebrochen werden. Dazu das überstehende Furnier nach unten drücken und auch anschließend beim Wegstechen oder -schneiden (mit dem Cuttermesser) von der Fläche nach unten zur Holzkante hin arbeiten. Diese Technik ermöglicht ein fehlerfreies Beiarbeiten, ohne dass Furniersplitter aus der Sichtfläche herausbrechen. Anschließend kann die Furnieroberfläche geschliffen werden.

**Bei beidseitig furnierten Teilen auf einer weichen Unterlage schleifen.**

**Bearbeiten des überstehenden Furniers mit dem Cutter. Beim Schleifen mit solch einem Brettchen wird das Rundschleifen der Kanten verhindert.**

Und so wird richtig geschliffen: Vorschleifen mit 120er bis oder 140er Papier. Mit dieser Körnung können die Bearbeitungsspuren des Furniers entfernt werden. Dazu das Papier um ein Stück planen Schleifblock (Holzbrettchen) legen und mit leichtem Druck in Holzwuchsrichtung schleifen. Das plane Brettchen verhindert beim Schleifen ein Abrunden der Kanten und das Durchschleifen im Kantenbereich. Das Feinschleifen auch in geraden Bewegungen in Wuchsrichtungen mit 240er Papier ausführen. Anschließend vorsichtig mit etwas stumpfem Papier die scharfen Kanten brechen. Somit ist die furnierte Oberfläche vorbearbeitet und kann gebeizt werden.

## BEIZEN DER INSTANDGESETZTEN OBERFLÄCHEN

Vor dem Beizen muss die Holzoberfläche gründlich entstaubt werden. Danach muss die richtige Beize ausgesucht werden. Wichtig: Es gibt unterschiedliche Beizsysteme, Wasserbeize und Lösemittelbeize. Die Wasserbeize wird von Profis oft bevorzugt, weil mehr Möglichkeiten bestehen, zu korrigieren, wenn neue Furnierteile z. B. zu alten Massivholzleisten passen müssen, also unterschiedliche Hölzer anschließend den selben Holzton haben müssen. Nachteil der Wasserbeizen sind Leim- oder Lackreste in den Poren oder feine Risse, die keine Farbe annehmen. In solchen Fällen muss eine Lösemittelbeize eingesetzt werden, die solche Fehlstellen

**Spritzgrundieren der aufgearbeiteten und gebeizten Hölzer**

**Bei der Mischung und Verarbeitung von Zweikomponenten-Polyesterlacken ist die genaueste Beachtung der herstellerseitigen Gebrauchsanweisung dringend erforderlich**

überdeckt. Generell wird die Beize am besten mit einem Stückchen Polsterschaumstoff aufgetragen und verrieben. Um ein klareres Bild zu erhalten oder überschüssige Beize zu entfernen, kann mit einem weichen Baumwolltuch nachgerieben werden. Die Beize sollte in jedem Fall gründlich getrocknet werden, bevor die Grundierung aufgebracht wird.

## GRUNDIEREN, LACKIEREN

In der professionellen Restaurierung werden heute noch die alten Polyesterlacke verarbeitet. Diese glatten, glasartigen Polyesteroberflächen sind für den Laien heute nicht mehr herstellbar. Seit einigen Jahren gibt es im Handel keine Polyesterlacke mehr und nur Profis bekommen dieses Material noch in 25-kg-Gebinden direkt von der Industrie. Daher muss der Laie z. B. auf 2-K-Parkettlacke zurückgreifen. Diese eignen sich besser als 1-K-Materialien oder Bootslacke für unseren Aufgabenbereich. Diese 1-K-Lacke bleiben weicher und dringen verdünnt tiefer in das Holz ein und erschweren dadurch eine spätere Restaurierung. Auch neigen sie schneller zu Abschürfungen und mechanischen Schäden sowie zu Fleckenbildungen, z. B. durch Glasreiniger. Doch nun wieder zur Profivariante. Die verdünnte Grundierung wurde in zwei dünnen Schichten im Spritzverfahren aufgetragen. Nach gründlicher Trocknung kann mit 240er Papier vorsichtig zwischengeschliffen werden. Meist tauchen nach dem oder beim Grundieren Fehlstellen auf, die jetzt leicht mit einem feinen Malpinsel und etwas Patina retuschiert werden können. Nach der Korrektur und gründlichem Abstauben unter Einsatz eines Staubbindetuches wird der Endlack aufgetragen. Spritzdruck, Verdünnung und Schichtstärke nach Herstellerangaben ausführen. Ist der Decklack aufgebracht und durchgetrocknet, kann, um eine sattere Oberfläche zu erreichen, ein Zwischenschliff mit 240er und 320er Papier erfolgen und anschließend erneut Klarlack aufgetragen werden. Wieder trocknen lassen und nach 320er-Schliff 1 – 2 dünne Schichten hochverdünnten Klarlack spritzen. Das ergibt eine sehr glatte, strukturfreie

Das Aufpolieren der geschliffenen Oberfläche

Oberfläche. Die Profis hingegen können bei ihrem hochschichtigen Polyesterlack nach der Durchtrocknung nass schleifen und Hochglanzpolieren. Dadurch bekommen diese Holzoberflächen ihre makellose und glasähnliche Optik. Nach der Durchtrocknung werden Polyesterlacke erst mit 800er und dann mit 1200er bis 1500er Nassschleifpapier perfekt glatt geschliffen und anschließend mit Schleifpaste an Lappenscheiben in zwei Schritten auf Hochglanz poliert. Zur Pflege und Auffrischung hat sich Folgendes bewährt: hat die Oberfläche leichte Schlieren oder Mattigkeiten, können diese von Hand mit der Rot-Weiß-Polierpaste und einem weichen Baumwolltuch entfernt werden. Anschließend die Oberfläche mit Wachs schützen. So haben Sie dann auch lange Freude an Ihrer restaurierten Holzausstattung. So behandelte Holzoberflächen lassen sich später leicht mit einem nebelfeuchten Tuch reinigen und entstauben.

Perfektes Ergebnis: Die restauierte Holzausstattung des Mercedes-Benz 230 Cabrio B (W 143) von 1937

## Reinigen von Polster- und Kunststoffen

### REINIGUNG VON POLSTERSTOFFEN

Bei der Reinigung gerade auch älterer Textilbezüge, muss hinsichtlich mechanischer Beanspruchung und Feuchtigkeit sehr vorsichtig gearbeitet werden. Als erster Schritt sollte der Sitzbezug unbedingt sehr gründlich abgesaugt werden. Zusätzlich kann in einer zweiten Phase mit einer sehr weichen Polsterbürste leichter Schmutz gelöst und anschließend ebenfalls abgesaugt werden.

Als Hilfsmittel dürfen nur sehr hochwertige und faserschonende Textil- oder Polsterreiniger verwendet werden, deren Wirkung und Eignung zuvor an einer verdeckten Stelle getestet werden sollten. Es ist äußerst wichtig – ganz besonders bei älteren Polsterstoffen –, nicht mit zuviel Feuchtigkeit zu arbeiten, denn das schädigt die Faser und lässt nachher Schmutzränder entstehen. Daher sollten vorzugsweise Reinigungsprodukte in Schaumform verwendet werden, mit denen man den Polsterstoff vorsichtig in Faserrichtung und mit einer weichen Bürste oder einem Baumwolltuch einreibt.

**PROFITIPP:** **Zu harte Bürsten oder zu heftiges Reiben können die Faseroberfläche beschädigen.**

Bei starker Verschmutzung oder Flecken kann man ein zweites Mal nachreinigen. Sollte der Stoff während des Reinigens einmal zu nass werden, kann die Bildung von Rändern durch den Einsatz eines Föns vermieden werden. Ist der Textilbezug anschließend sauber, farblich wieder aufgefrischt und vollständig trocken, sollte noch einmal nachgesaugt werden. Der nun ebenso wirksam wie schonend gereinigte Textilbezug kann anschließend imprägniert werden, um erneuter Tiefenverschmutzung und vorzeitigem Zerfall der Stofffaser vorzubeugen.

**Profi-Textilreiniger leicht aufsprühen und mit einem Baumwolltuch nachreiben.**

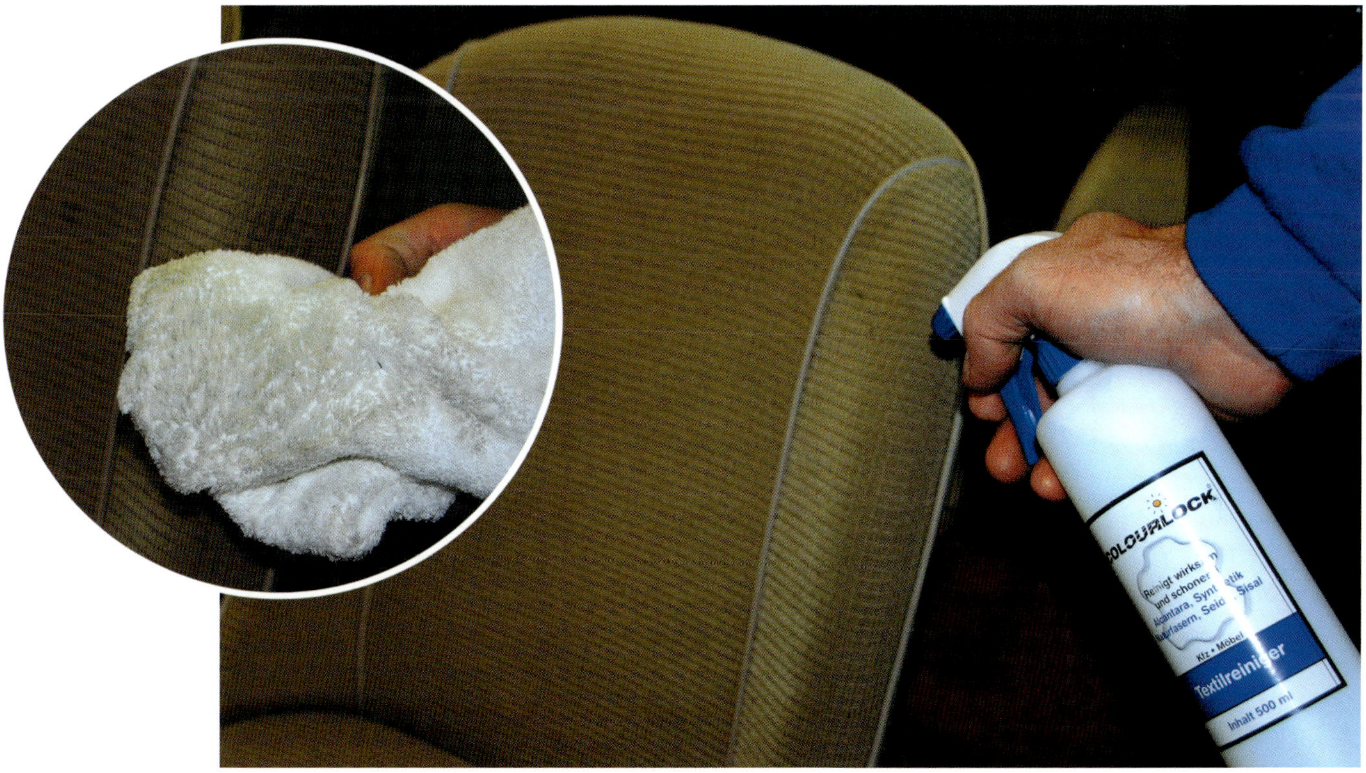

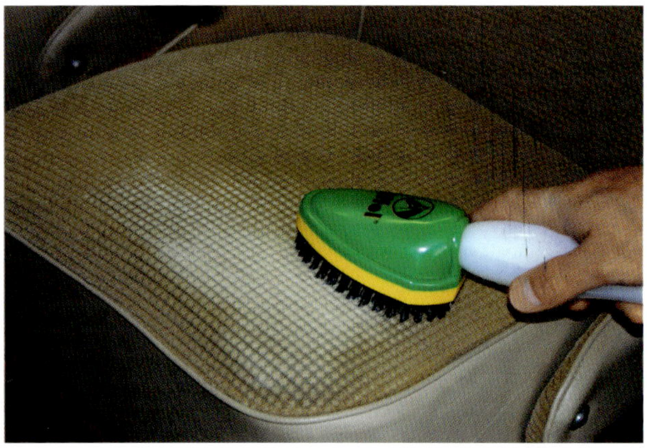

**Polstershampoo mit einem Shampoonierer oder einer weichen Bürste auftragen.**

## FASERSCHUTZ

Textilien, die der Witterung ausgesetzt sind, z. B. Stoffinnenausstattungen bei Cabrios, müssen zusätzlich vor dem Verspröden, Austrocknen und Ausbleichen geschützt werden. Das bedeutet, dass die Faser nach einer gründlichen Reinigung wieder Substanzen wie Pflegekomponenten, Antioxidantien und UV-Filtersysteme zugeführt bekommen muss. Ein hochwertiger, milder Reiniger wirkt schon etwas farbauffrischend, aber z. B. auch mit Aniline Protector können Farben und Fasern noch effektiver regeneriert werden. Es ist also wichtig, gerade alte Stoffe, die aus Naturfasern bestehen, wieder etwas rückzufetten, dadurch den UV-Schutz zu erhöhen, und so die Fasern wieder resistenter gegen äußere Einflüsse zu machen.

Anschließend sollten die Textilien mit einer wirkungsvollen Imprägnierung vor Feuchtigkeit und Nässe geschützt werden. Dies ist der beste Weg, um dem Verfall der Textilfasern vorzubeugen. Ein solcherart geschütztes Gewebe kann den Einwirkungen von Schmutz und Umwelt besser widerstehen und noch viele Jahre bei bestem optischem Eindruck seinen Zweck im Liebhaberfahrzeug erfüllen. Eine sorgfältig aufgearbeitete und geschützte Textilausstattung ist generell auch viel einfacher zu reinigen und verschmutzt nicht mehr so schnell. Ebenso ist eine Fleckenbildung auf imprägniertem Gewebe weit weniger dramatisch.

## KUNSTSTOFFREINIGUNG

Ältere Kunststoffe in Sammlerfahrzeugen sind grundsätzlich so mild und vorsichtig wie möglich reinigen. Dies gilt insbesondere für Bespannungen, Armaturenbrett, Sitze und Verkleidungen, die flexibel sind. Kunststoffe verlieren beim Altern durch jahrelange UV-Bestrahlung Flexierzusätze und Weichmacher und werden dadurch hart und spröde. Aber auch durch die Anwendung von falschen oder zu aggressiven Haushaltsreinigern werden die Kunststoffe zu stark beansprucht und altern schneller als nötig.

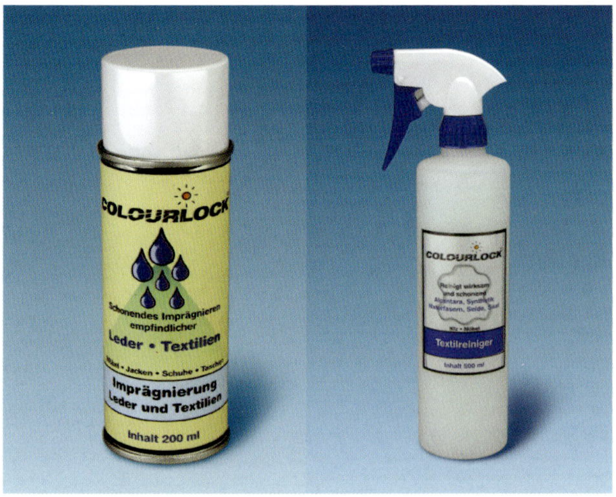


**Die Colourlock Imprägnierung ist ein schonender Fleckenschutz für empfindliche Textilien.**
**Colourlock Textilreiniger reinigt wirksam, aber schonend.**

**Colourlock Aniline Protector schützt vor Ausbleichen und Austrocknen.**
**Kinessa Polster Shampoo ist faserschonend und wirkt farbauffrischend.**

Daher ist es entscheidend, die Oberflächen mit den richtigen Reinigungs- und Pflegemitteln zu erhalten und zu schützen. Den mildesten Reinigungseffekt bei leichten Verschmutzungen erzielt man mit war-

**Die milde Reinigung mit Neutral- oder Glyzerinseife muss mit einem feuchten Tuch nachgerieben werden.**

mem Wasser und Glyzerin- oder Neutralseife. Damit wird die Kunststoffoberfläche unter Zuhilfenahme eines weichen Schwämmchens leicht schäumend bearbeitet. Anschließend werden mit einem Mikrofasertuch die Schmutz- und Seifenreste aufgenommen. Danach reibt man mit klarem Wasser und ebenfalls einem Mikrofasertuch nach, um letzte Reste des gelösten Schmutzes aufzunehmen.

Führt diese milde Reinigung nicht zu einem akzeptablen Ergebnis, muss ein chemischer Kunststoffreiniger vorsichtig eingesetzt werden. Dabei ist Folgendes unbedingt zu beachten: Den Kunststoffreiniger mit einem weichen Schwämmchen nur auf einer kleinen Fläche auftragen, nur sehr kurz einwirken lassen und mit einem schlaufigen Baumwoll- oder Mikrofasertuch den gelösten Schmutz sofort aufnehmen, bevor dieser in den Kunststoff eindringen kann. Wiederholen sie – wenn nötig – diese Prozedur, bis sie eine bis in die Struktur saubere Oberfläche erhalten.

**PROFITIPP:** Sprühen sie niemals Kunststoffreiniger oder Pflegeprodukte im Innenraum direkt auf die zu reinigende Fläche. Das kann zu hässlichen Flecken auf benachbarten Glasoberflächen (Scheiben, Instrumentengläser u.a.) führen, die kaum wieder zu entfernen sind.

Anschließend sollte ein Pflegeprodukt eingesetzt werden, das die Oberfläche schützt und durch UV-

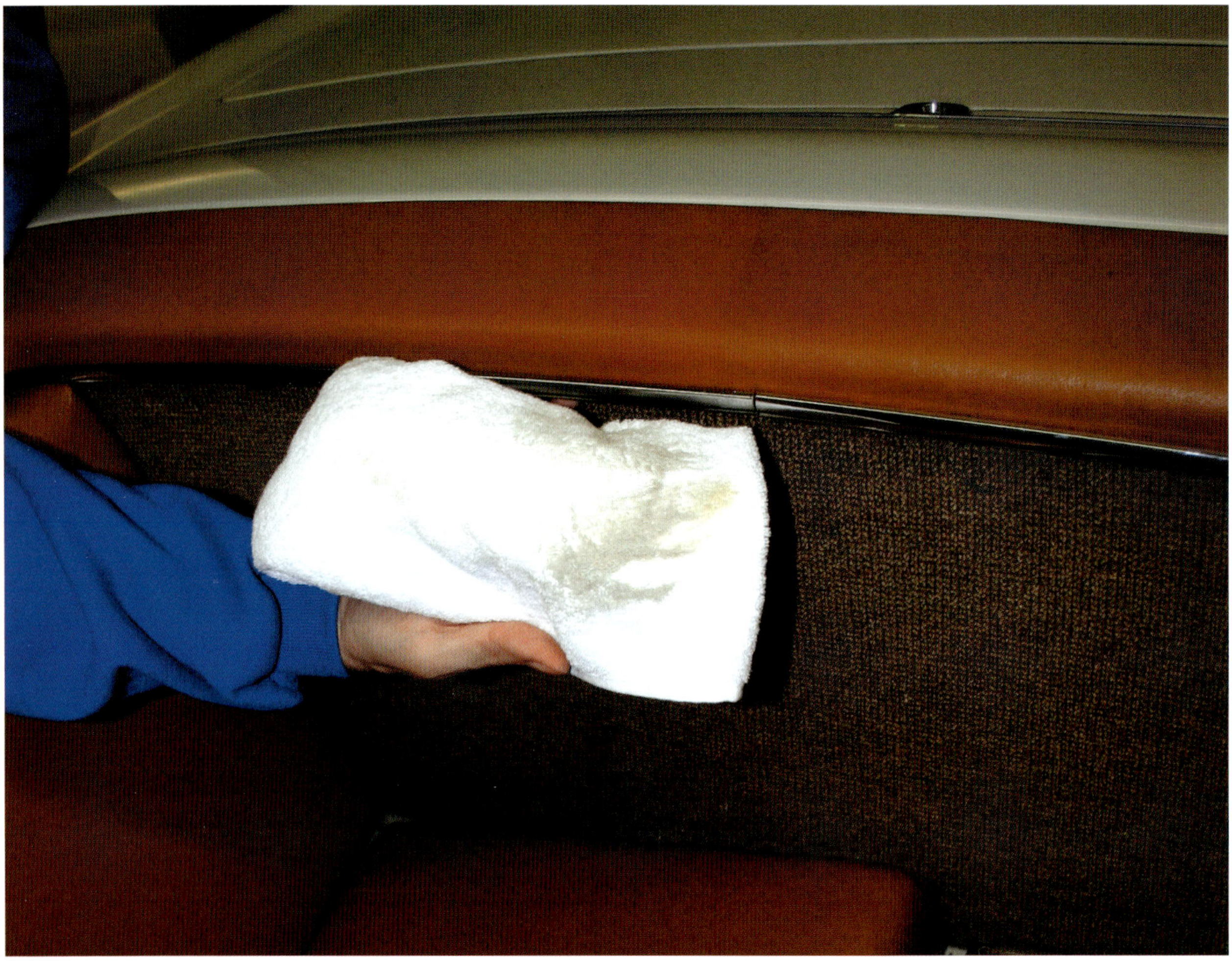

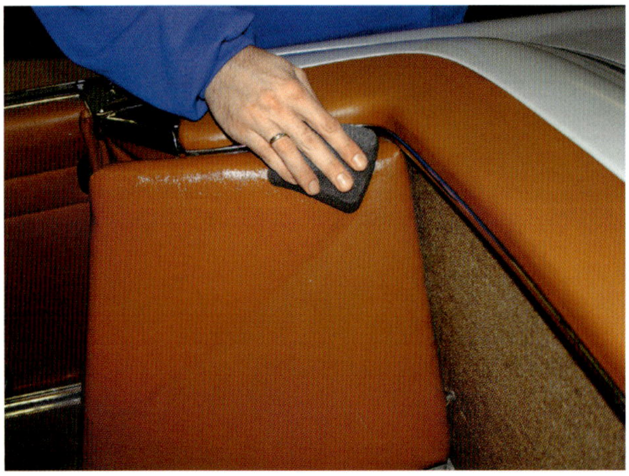

**Mit einem weichen Baumwolltuch den gelösten Schmutz gründlich aus der strukturierten Oberfläche entfernen.**

**Den chemischen Reiniger nur auf kleinen Flächen oder in Sektionen auftragen und nur kurz einwirken lassen.**

**Nach der erfolgreichen Reinigung das Pflegemittel sparsam mit einem Schwämmchen auftragen und anschließend mit einem Baumwolltuch überschüssiges Material entfernen.**

Schutzpigmente ein Ausbleichen nachhaltig verhindert. Es werden heute im Profibereich Pflegemittel verwendet, die in das Kunststoffmaterial eindringen, seine Flexibilität regenerieren und gleichzeitig einen hochwertigen UV-Schutz besitzen, um es wirkungsvoll zu konservieren. Dazu etwas Pflegemittel auf ein weiches Schwämmchen geben und leicht in die Oberfläche reiben. Nach kurzer Einwirkzeit mit einem weichen Baumwolltuch nachreiben und überschüssiges Pflegemittel entfernen. Solcherart aufbereitete und geschützte Kunststoffbezüge sind in der Lage, Schmutz abzuweisen, ihn also gar nicht erst eindringen zu lassen. Darüber hinaus erleichtern sie dem stolzen Fahrzeugbesitzer die „Zwischendurch-Pflege". Gelegentlich mal mit einem feuchten Mikrofasertuch Staub und leichten Schmutz aufzunehmen reicht da völlig aus.

# Überwinterung

## OBERFLÄCHENKONSERVIERUNG

Bevor das beste Stück über den Winter weg gestellt wird, sollten in jedem Fall einige Wert erhaltende Maßnahmen eingeleitet werden. Dazu gehört an erster Stelle, dass alle Oberflächen wie Lack und Chrom durch ein geeignetes Konservierungsmittel einen stabilen Bewitterungs- und Oxidationsschutz bekommen. Außerdem sollte man Lederausstattungen noch einen frischen pflegenden Schutz für die Überwinterung verabreichen. Aber auch Polsterstoffe und Gummidichtungen sind bei der Pflege zu bedenken.

Neben einigen weiteren technischen Konservierungsmaßnahmen, auf die im Folgenden kurz eingegangen wird, sollte man das Fahrzeug nach Abschluss aller Vorbereitungsarbeiten mit geeigneten Abdecktüchern oder Autocovern für den Winterschlaf abdecken. Man sollte unbedingt sicher stellen, dass die Luft im Fahrzeuginnenraum zirkulieren

kann und nicht muffig wird – sonst droht die Gefahr der Schimmelbildung. Wenn alles das erledigt ist, kann man sich beruhigt auf den nächsten Frühling freuen.

## ÖLWECHSEL

Der optimale Zeitpunkt für einen Ölwechsel liegt unmittelbar vor dem Winterschlaf, denn alte, verbrauchte Öle verfügen nur über einen Bruchteil des

Korrosionsschutzes, den frisches Öl besitzt. Außerdem sind in älterem Öl Benzin und Kondenswasserrückstände gebunden, aus denen sich Säuren bilden können, die dann zu Oxidationsschäden im Motor führen. Frisch eingefülltes Öl verfügt über noch intakte Antioxidantien, die das Innere des Motors wirkungsvoll vor Korrosion schützen. Wenn Öl und Ölfilter gewechselt worden sind, sollte der Motor noch einmal kurz laufen. Dadurch kann sich das Öl verteilen und so alle Oberflächen schützend benetzen. Ein im Inneren sauberer, blanker Motor wird diese Behand-

Premium Wachs

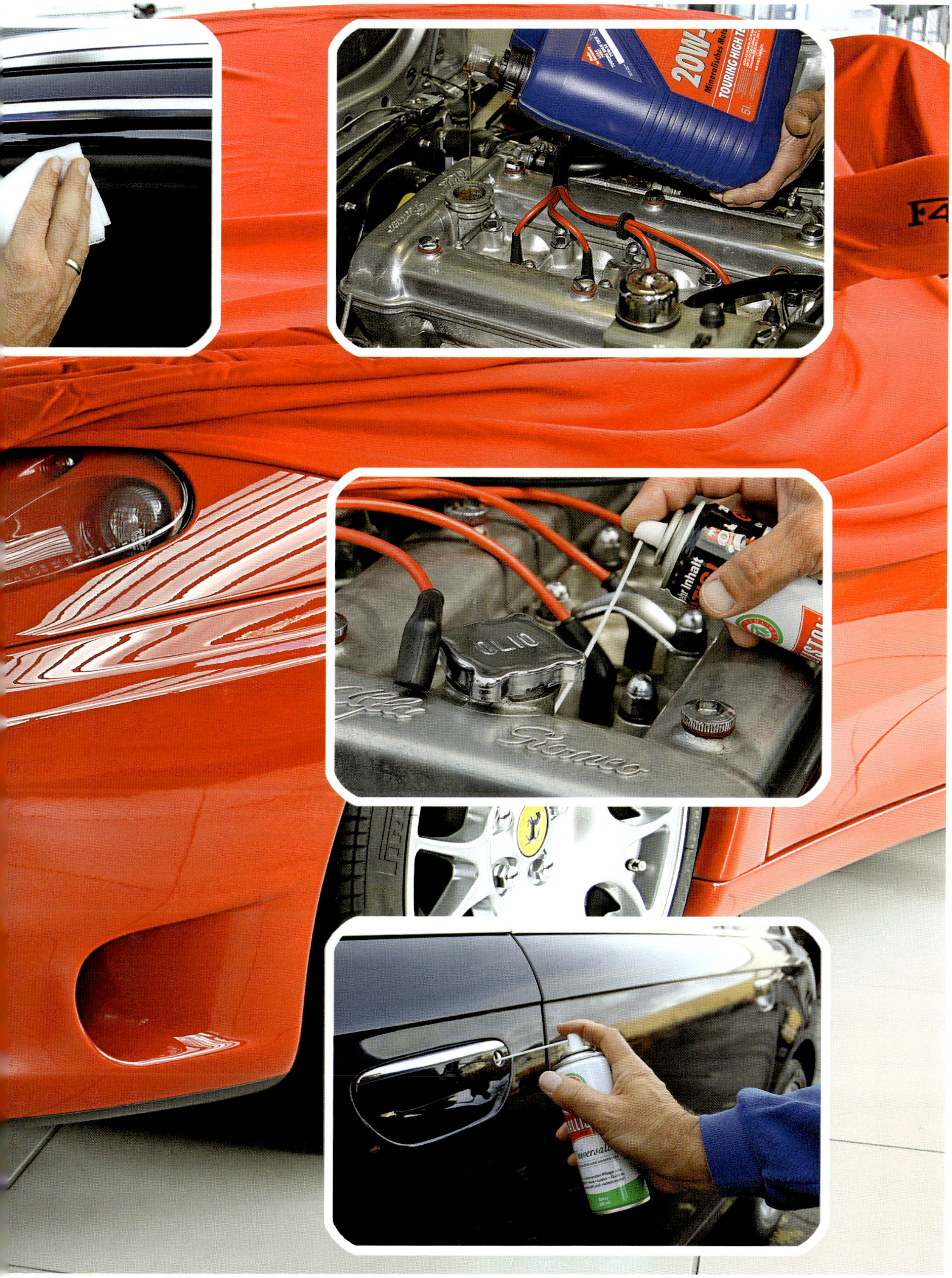
OLIO

**Vor dem Stilllegen des Motors ist es sehr wichtig, einen Ölwechsel vorzunehmen, um Korrosion und Ablagerungen vorzubeugen.**

lung mit vielen problemlosen Kilometern im darauf folgenden Jahr danken.

## MOTOR- UND MOTORRAUMKONSERVIERUNG

Je nach Länge der voraussichtlichen Standzeit oder Stilllegung sollte man in Erwägung ziehen,

zusätzlich einen Motorkonservierer in die Brennräume zu sprühen. Das bewirkt einen zusätzlichen Langzeitkorrosionsschutz der Brennräume, Zylinderlaufbuchsen und Kolben. Der Konservierer wird

**Den Motorkonservierer durch die Kerzenöffnung in den Zylinder sprühen, um Zylinderlaufbuchsen und Kolben wirkungsvoll zu schützen.**

**Transparentes Korrosions-Schutzspray schützt Metalloberflächen während der Wintermonate.**

nach dem Entfernen der Zündkerzen direkt in den Zylinder gesprüht und ist mit allen Motorölen verträglich.

Als sichere und zuverlässige Mittel, um bei längeren Standzeiten den Motor von außen wie auch den gesamten Motorraum einschließlich allen Zusatzaggregaten wirkungsvoll zu schützen, haben sich Waffenöle wie z. B. Ballistol bewährt. Diese Öle verbinden außergewöhnliche Korrosionsschutzeigenschaften mit exzellenter Kriechfähigkeit und sind über Monate wirksam. Darüber hinaus verhalten sie sich neutral gegenüber Kunststoff- und Gummi-

**Benzin-Stabilisator erhält die Zündfähigkeit moderner Bleifrei-Kraftstoffe nach längerer Standzeit.**

oberflächen im Motorraum. Mit Ballistol lassen sich im Außenbereich sogar Lederriemen (etwa zur Motorhaubenbefestigung) gut konservieren.

Ein neues außergewöhnliches Korrosionsschutzmittel kommt von Dr. Wack Chemie. Dieser speziell auf schutzblanke Metalle abgestimmte Korrosionsschutz hat sogar beim Salznebeltest sehr gut abgeschnitten. Er bietet einen perfekten Schutzfilm für Motoren, Aggregate und unlackierte Karosserieflächen sowie Stahl- und Chromfelgen. Daher auch ideal für Liebhaberfahrzeuge, die auch mal im Winter bewegt werden müssen.

## BENZINZUSATZ

Bedingt durch die ständige Weiterentwicklung bei Kraftstoffen werden in letzter Zeit bei längerer Stilllegung des Fahrzeuges und Überwinterung zunehmend Korrosionsschäden in Tank, Benzinleitung und Vergaser beobachtet. Einfaches Volltanken wie früher reicht daher nicht mehr aus, um solche Folgen zu verhindern.

Durch die Verwendung eines Benzin-Stabilisators wird der Korrosionsbildung und -ablagerung vorgebeugt, und – was ebenfalls sehr wichtig ist – der Kraftstoff bleibt zündfähig; denn immer häufiger bereitet die Alterung moderner Kraftstoffe auch Schwierigkeiten bei der Wiederinbetriebnahme des Fahrzeugs im Frühjahr – der Motor springt dann nur sehr schlecht oder gar nicht mehr an.

**PROFITIPP:** Die Zugabe eines Benzinstabilisators verhindert Korrosion in Tank, Leitungen und Vergaser(n). Zudem bleibt der Kraftstoff zündfähig.

## GUMMIDICHTUNGEN

Auch die oft vernachlässigten, in ihrer Wichtigkeit gerne unterschätzten Dichtsysteme einer Fahrzeugkarosserie müssen von Zeit zu Zeit gereinigt und

**Eine schonende und rückfettende Rinigung mit Glyzerinseife ist für alle Gummiteile und Dichtungen ideal.**

**Anschließend die gereinigten Gummidichtungen mit Talkum-Puder oder -Stift gegen Alterung wirksam schützen.**

gepflegt werden. Jetzt, am Ende einer Saison, ist es besonders wichtig, speziell alte Gummiprofile und Türdichtungen sehr schonend und rückfettend zu säubern. Dazu setzt man etwas warmes Wasser, pHneutrale Glyzerin- oder Neutralseife (z. B. von der Lederreinigung) und ein Baumwolltuch ein. Auf das nasse Baumwolltüchlein gibt man etwas Glyzerinseife und reibt die Dichtung damit ab. Den gelösten Schmutz aus dem Tuch ausspülen und mit frischer Seife noch einmal nachreiben. In der Lexol Lederseife zum Beispiel ist ein großer Anteil Glyzerin enthalten, der stark rückfettend ist und somit auch das Gummi pflegend regeneriert.

Die restliche Seife durch Nachreiben mit klarem Wasser entfernen. Nachdem die Dichtungen gereinigt und getrocknet sind, kann mit einem trockenen Baumwolltuch etwas Talkum aufgetragen werden. Dazu etwas handelsübliches Talkum auf das Tüchlein geben und die Gummidichtung bis zur Sättigung einreiben. Die so gereinigten und geschützten Gummiprofile werden es Ihnen mit Langlebigkeit sowie bester Flexibilität und damit Dichtigkeit danken.

## REIFEN

Um im Fall einer längeren Fahrzeug-Stilllegung bei Diagonalreifen unangenehme Standplatten weitestgehend zu vermeiden, sollte der Luftdruck erhöht werden – um mindestens 1-2 bar oder bis zum auf der Reifenflanke angegebenen Maximaldruck. Weiterhin kann das Fahrzeug von Zeit zu Zeit etwas vor oder zurück geschoben werden, damit die Reifen unterschiedlich belastet werden. Am Besten allerdings ist es, das Fahrzeug – wenn möglich – aufzubocken, weil dann die Reifen entlastet sind und sich nicht durch das Fahrzeuggewicht verformen. Eine durchaus zu empfehlende Reinigung und Pflege der Reifenflanken kann übrigens genauso erfolgen wie bereits für die Gummidichtungen beschrieben.

# KAPITEL 4

# Cabrio-Faltdächer aus Stoff und Vinyl

Flexible Cabriodächer bestehen grundsätzlich aus Materialien, die aufgrund ihrer Sensibilität sehr sorgfältig gepflegt werden sollten. Vor Jahrzehnten waren die Verdecke nur aus einlagigem Baumwollstoff gefertigt, heute handelt es sich um mehrlagige Kunstfasermaterialien mit Kautschukzwischenlage. Modernere Verdeckstoffe sind meist unempfindlicher gegen Verschmutzungen und Vogelkot und lassen sich in der Regel auch einfacher reinigen. Die schonendste Reinigung für Cabrioverdecke ist immer noch die Wäsche per Hand. Wenn Sie ein Cabrio in einer Waschstraße reinigen wollen, sollte es unbedingt eine Textilwaschanlage sein. Diese arbeitet weniger abrasiv und daher schonender für das Textilgewebe. Mittlerweile gibt es die ersten Waschanlagen, die spezielle Cabrio-Waschprogramme anbieten. Diese arbeiten im Dachbereich mit weniger Druck der Wasch- und Spüldüsen, ebenso wird dort auch kein Wachs- und Glanzprodukt aufgesprüht.

Generell gilt: Alte Baumwollverdecke sollten grundsätzlich von Hand gereinigt und gepflegt werden. Sollten sie ausgeblichen sein, können diese alten Materialien auch noch gefärbt werden. Siehe hierzu das Kapitel Youngtimer und Oldtimer.

## Reinigung von Stoffverdecken

Die Trockenreinigung ist der erste Schritt einer jeden Verdeckreinigung und sollte auch zwischendurch gelegentlich ausgeführt werden. Sie ist für die Le-

bensdauer der Stoffstruktur äußerst wichtig, denn feine Sand- und Schmutzpartikel in der Stoffstruktur können diese beim zusammengeklappten Verdeck zerfasern und aufreiben. Dann ist die Stofflage unter Druck im Dachgestänge eingeklemmt und die Bewegungen im Fahrbetrieb lassen lose Schmutz- und Sandpartikel ihre zerstörerische Wirkung entfalten. Die Folgen sind Streifen und Muster im Verdeckstoff genau dort, wo der geschädigte Faserflor zusammengepresst liegen bleibt und sich nicht, wie der Großteil der Fläche, wieder aufstellt.

Um solchen unschönen Verschleißerscheinungen vorzubeugen, sollte das Verdeck regelmäßig und vorsichtig abgesaugt werden. Dabei ist eine weiche Nylonbürste am Saugkopf von Vorteil. Leichtes Bürsten in Faserrichtung – ob mit oder ohne Staubsauger – löst festsitzenden Schmutz, Sandpartikel und Vogelkotreste, die dann vom Sauger aufgenommen und entfernt werden können. Haare, Flusen und Pflanzenfasern lassen sich im Anschluss durch eine Gummibürste oder eine Textilkleberolle entfernen.

## FEUCHTREINIGUNG

Sie bietet die Möglichkeit, mit einem milden, seifigen Schaum leichtere bis mittlere Verschmutzung zu entfernen. Dazu wird nach der Trockenreinigung etwas Reinigungsschaum auf ein Schwämmchen gesprüht und mit leichtem Druck in Faserrichtung eingearbeitet. Dabei nimmt das Schwämmchen gelösten Schmutz auf. Zwischendurch immer wieder in klarem Wasser gründlich auswaschen. Auf diese Weise kann ein gut erhaltenes, nur leicht

verschmutztes Verdeck z. B. auch für eine Imprägnierung vorbereitet werden. Wichtig: Immer im Schatten und auf abgekühlten Verdecken arbeiten. Und: Das gereinigte Verdeck muss erst vollständig getrocknet sein, bevor es imprägniert werden kann.

## NASSREINIGUNG

Sie ist unabdingbar um festsitzende stärkere Verschmutzung wirkungsvoll zu entfernen, denn nur regelmäßiges und gründliches Reinigen lässt einen Verdeckstoff viele Jahre in hervorragendem Zustand überstehen. Zudem ist es unbestritten, dass sich ölige Ablagerungen von Abgasen und Industrieemissionen sowie Baumharze und Tiersekrete nicht mit klarem Wasser entfernen lassen. Daher ist es wichtig, das Stoffverdeck, je nach Nutzung, von Zeit zu Zeit gründlich zu reinigen. Auch vor einer erneuten Imprägnierung ist eine sorgfältige Reinigung Pflicht.

Erster Schritt auch der Nassreinigung ist das sorgfältige Absaugen. Für den sich daran anschließenden eigentlichen Waschvorgang empfehlen erfahrene Sattler als mildestes Reinigungsmittel übrigens Haarshampoo ohne Conditioner (!) oder Neutralseife. Das funktioniert bei leichter bis mittlerer Verschmutzung hervorragend. Sollte das Verdeck jedoch stärker verschmutzt sein oder für eine Imprägnierung vorbereitet werden, ist es erforderlich, einen speziellen Verdeckreiniger einzusetzen. Diese Reiniger sind wirkungsvoller und entfernen auch festsitzende Verschmutzungen – wichtig, um Schmutz und Ölreste nicht mit der Imprägnierung in der Faser einzuschließen.

Das Verdeck nach dem Saugen mit Wasser vollständig benetzen und mit dem Spezialreiniger gleichmäßig einsprühen. Danach mit einer weichen Nylonbürste das Pflegeprodukt in Faserstrukturrichtung einarbeiten und 10 bis 20 Minuten einwirken lassen. Anschließend mit fließendem Wasser gründlich abspülen. Sollte dabei sehr viel Schmutz aus dem Verdeckstoff austreten, erneut mit Reiniger einsprühen und ein zweites Mal reinigen. Im Anschluss gründlich trocknen lassen, bevor das Verdeck imprägniert werden kann. Zur Beschleunigung des Trocknungsprozesses kann das Fahrzeug auch in die Sonne gestellt werden. Anschließend jedoch wieder in den Schatten stellen und abkühlen lassen,

**Verdeck gründlich abspülen und nass machen.**

**Reiniger aufsprühen und mit Bürste aufschäumen.**

**Gelösten Schmutz und Reinigerreste gründlich abspülen.**

**Vor dem Winterbetrieb mit Hardtop muss das Verdeck in perfektem Zustand sein.**

bevor die Imprägnierung aufgebracht wird. Wenn noch Haare oder Fusseln am Verdeckstoff haften, diese mit einer Textil-Kleberolle entfernen.

**PROFITIPP: Bei Winterbetrieb mit einem Hardtop sollte das Faltdach nur vollständig trocken und sauber im Verdeckkasten ruhen. Es ist äußerst wichtig, dass es vorher zumindest sehr gründlich abgesaugt wurde, um eine Beschädigung der Stoffstruktur wirkungsvoll zu unterbinden. Wer dagegen sein Cabrio auch im Winterbetrieb ohne Hardtop bewegt, sollte das Verdeck rechtzeitig reinigen und imprägnieren. Nur so kann man den Einwirkungen durch Nässe, Schmutz und Salz über einen längeren Zeitraum entgegenwirken.**

Zur richtigen Einordnung des soeben Beschriebenen: Laut der Fa. Haartz, dem weltgrößten Verdeckmaterialhersteller, werden ca. 80 % der Cabrioverdecke durch falsche Reinigungstechniken, Materialien und Imprägnierungen zerstört!

## IMPRÄGNIEREN VON STOFFVERDECKEN

Um viele Jahre Freude an einem farbintensiven und wasserdichten Cabrioverdeck zu haben, sollte es regelmäßig imprägniert werden, denn nur ein imprägnierter und UV-geschützter Verdeckstoff ist wirklich dauerhaft haltbar. Ohne Schutz können zum einen aggressive Abgas- und Industrieemissionen sowie Tiersekrete und Baumharze tief in die Faser eindringen. Einmal eingedrungen sind diese zum Teil auch verfärbend wirkenden Verschmutzungen mit handelsüblichen Reinigern nicht mehr zu entfernen. Zum anderen ist ein hochwertiger UV-Schutz erforderlich, der in der Imprägnierung enthalten sein sollte, um das vorzeitige Ausbleichen und Altern des Verdeckstoffs zu verhindern. Aber Vorsicht: Nicht jedes Mittel und jede Arbeitstechnik sind gut für ein sensibles Stoffverdeck.

Nun zur Technik und Vorgehensweise bei der Imprägnierung. Wie immer gilt auch hier: Nur auf gründlich gereinigten und absolut trockenen Verdeckstoffen ist eine Imprägnierung aufzutragen. Eventuelle Restfeuchtigkeit im Verdeckstoff sorgt dafür, dass die Imprägnierung nicht ihre volle Wirkung entfaltet.

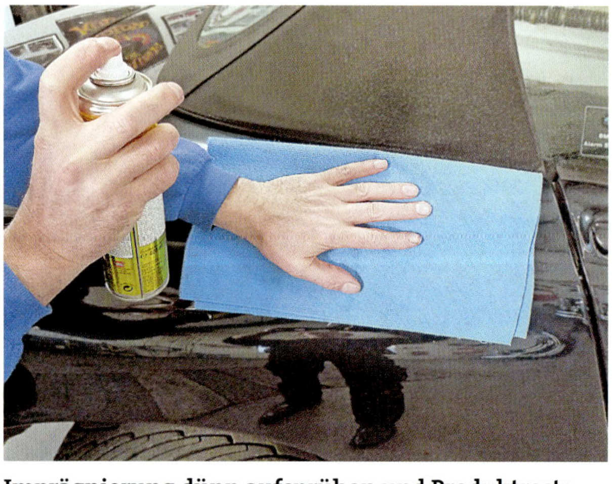

**Imprägnierung dünn aufsprühen und Produktreste direkt von Lack und Glas entfernen.**

Es gibt zwei Sorten von Imprägnierungen: Flüssige, die mit dem Pinsel aufgetragen werden müssen und solche zum Sprühen. Flüssige Produkte eignen sich meist für ältere Verdecke und geben der schon etwas verschlissenen Faser mehr Schutz. Bei ihrer Anwendung sollte immer nach Herstellerangaben vom Verdeckrand zur Mitte hin gearbeitet werden. Dadurch werden Doppelbeschichtung und Streifenbildung in der Mitte des Verdecks vermieden.

Gut erhaltene Stoffverdecke können mit Sprays perfekt und gleichmäßig geschützt werden. Diese Variante ist bei den moderneren Fasern die wirkungsvollere und daher zu empfehlen. Bei manchen

Produkten müssen allerdings angrenzende Flächen abgedeckt werden. Meist aber kann der Sprühnebel auf Glas und Lack direkt mit einem Mikrofasertuch entfernt werden. Vorzugsweise wird die Sprühimprägnierung aus 30 bis 40 cm Abstand in ein bis zwei Kreuzgängen nach Herstellerangaben dünn aufgebracht. Nach jedem Sprühgang gemäß der Bedienungsanleitung ein wenig warten und das Produkt erst antrocknen lassen, bevor erneut eine Schicht aufgesprüht wird. Dann die angrenzenden Flächen vom Sprühnebel reinigen oder ggf. das Abdeckpapier entfernen und das Produkt komplett durchtrocknen lassen.

Bei manchen Produkten ist das Trocknen in der Sonne empfehlenswert, da hierdurch die Imprägnierung stabiler und haltbarer wird. Generell sollte keine Imprägnierung zu satt und nass aufgetragen werden, das kann die Kautschuk- oder Gummituchzwischenlage schädigen und künstlich altern lassen. Bitte beachten Sie: Preisgünstige Universalprodukte und/oder Reiniger für den Haushalt sowie Hochdruckgeräte sind nachweislich schädlich für alle Cabrioverdecke.

## Reinigen und konservieren von Vinylverdecken

Eine gründliche und trotzdem schonende Reinigung ist bei Vinylverdecken besonders wichtig, weil durch falsche und zu scharfe Universalreiniger das Kunststoffmaterial angegriffen wird und frühzeitig versprödet. Verwenden Sie deshalb bitte nur Kunststoffreiniger, die die Weichmacher in der Folie nicht zerstören und trotzdem mit sehr guten Reinigungsergebnissen aufwarten.

Zuerst das Verdeck mit Wasser sorgfältig abspülen, um lose Schmutzreste und Sandpartikel zu entfernen. Dann einen hochwertigen Vinylverdeckreiniger, etwa von Renovo, mit einem Pinsel oder Schwämmchen auftragen. Diesen lässt man einwirken – bei leicht verschmutzten Dächern etwa 15 Minuten lang – und wischt anschließend mit einem feuchten Schwamm den gelösten Schmutz und die Reinigerreste ab. Bei stark verschmutzten Dächern den Reiniger bis zu einer Stunde einwirken lassen und dann mit einer weichen Bürste und etwas Wasser den gelösten Schmutz entfernen. Mit einem weichen Baumwolltuch und etwas klarem Wasser nachreiben und das Verdeck anschließend vollständig trocknen lassen. Im Anschluss an eine solche Grundreinigung sollte man das Verdeck unbedingt wieder gegen Umwelteinflüsse konservieren.

Vinylverdecke müssen ebenso wirkungsvoll gegen zerstörerische Umwelteinflüsse und UV-Strahlen geschützt werden wie Stoffverdecke. Zum einen greifen Chemikalien und Umweltschmutz auch das Kunststoffmaterial an, zum anderen sind es UV-Strahlen, die den Weichmacher im Kunststoff zersetzen und schnell altern lassen. Die Folie versprödet, schrumpft und bleicht aus. Um diesem Alterungsprozess wirkungsvoll zu begegnen, muss die Kunststoffhaut mit einem Verdeckkonservierer geschützt werden. Das entsprechende Produkt von Renovo zum Beispiel hat sich in den letzten Jahren hervorragend bewährt. Er macht das Verdeck über mehrere Monate weitestgehend immun gegen Bewitterung. Der Konservierer wird mit einem Pinsel oder Schwämmchen auf das gereinigte Vinylverdeck gleichmäßig dünn aufgetragen und ist nach etwa

MASTER

Den Reiniger mit Pinsel oder Schwämmchen auftragen, einwirken lassen und mit Bürste oder Schwämmchen und Wasser den gelösten Schmutz entfernen.

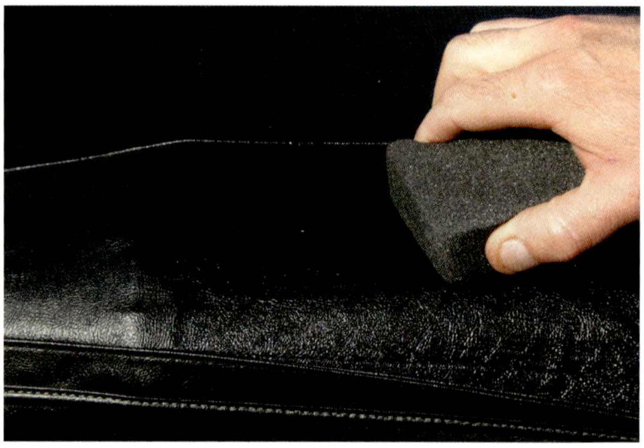

Auf das gereinigte, vollständig trockene Verdeck den Konservierer mit weichem Pinsel oder Schwämmchen gleichmäßig auftragen und trocknen lassen.

Ein auf diese Weise gereinigtes und geschütztes Verdeck hat wieder einen UV- und Bewitterungsschutz für mehrere Monate.

30 Minuten getrocknet. Dieses lösemittelfreie, auf Wasserbasis aufgebaute Produkt verleiht allen Kunststoffverdecken und Planen monatelang einen wirksamen Schutz vor der UV-Strahlung.

**PROFITIPP:** Cockpit- und Kunststoff-Universalpflegemittel auf Silikonbasis sind ausschließlich für die Anwendung in Fahrzeuginnenräumen gedacht und bieten keinerlei Bewitterungsschutz für ein Vinylverdeck. Solche Produkte werden durch einen Regenguss oder eine Fahrzeugwäsche einfach abgewaschen und hinterlassen überdies hässliche Ablaufspuren. Die Dachhaut ist dann wieder schutzlos der Verschmutzung und UV-Strahlen ausgesetzt.

## Kunststoffheckscheiben

Während heute fast ausschließlich kleinere und überdies heizbare Glasheckfenster eingebaut werden, war es bis in die ersten Jahre des neuen Jahrtausends allgemein üblich, dass Cabrioverdecke aus Stoff oder Vinyl „Fenster" aus weichem, transparentem Kunststoffmaterial erhielten, die richtig gepflegt werden wollen. Ohne regelmäßige, gründliche Reinigung und Pflege kann nach einiger Zeit der rückwärtige Verkehr nur noch durch die Außenspiegel beobachtet werden.

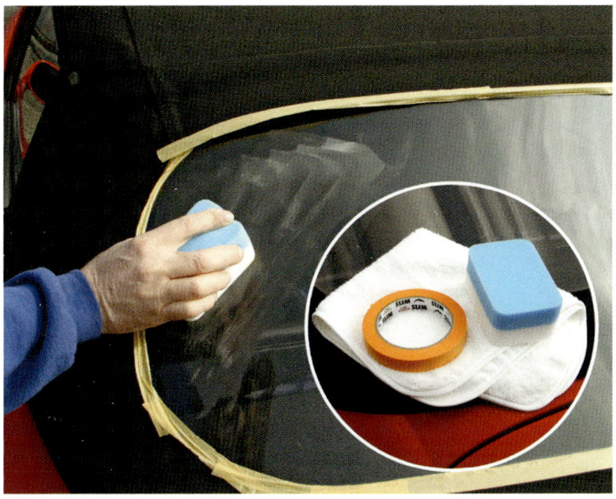

**Mit einem Schwämmchen oder Baumwolltuch gegen die sichtbaren Spuren arbeiten.**

Bevor Sie das Verdeck öffnen, sollten sie es daher idealerweise immer erst mit einem weichem Baumwoll- oder Mikrofasertuch feucht abreiben.

Ist die Heckscheibe schon matt, verkratzt und kaum noch durchsichtig, hilft nur noch, sie wieder vorsichtig aufzupolieren. Dazu etwas Spezialpolitur und weiche Schwämmchen oder Tücher verwenden. Normale Autopolituren funktionieren im Prinzip zwar auch, aber sie lassen die Kunststofffolie durch ihren Lösemittelanteil schnell altern und milchig werden, außerdem wird der Weichmacher zerstört und die Folie in der Folge hart und brüchig. Verwenden Sie deshalb bitte nur mildere Polituren, die für transparente Kunststoffe geeignet sind. Unter Verwendung härterer Tücher können Sie damit auch tiefere Spuren beseitigen. Dabei sollten Sie immer quer zu den im Licht sichtbaren Spuren und ohne großen Druck arbeiten. Zu großer Druck und zu intensives Reiben auf einer kleinen Stelle kann zu Verformungen der Folie führen. Sind Kratzspuren und Mattigkeiten entfernt, noch einmal mit derselben Politur aber noch weniger Druck und einem weichen Schwämmchen in feinen kreisenden Bewegungen einen zweiten Arbeitsdurchgang durchführen. Mit dieser Technik wird außen und innen die Transparenz der Kunststoffverdeckscheiben wieder hergestellt.

Da das weiche Folienmaterial sehr schnell verkratzt und blind wird, wenn harte Werkzeuge in Kombination mit Schmutz und Sandpartikeln über die Oberfläche gerieben werden, sollten solche Heckscheiben bei der Fahrzeugwäsche nur mit sehr weichen Schwämmen oder Tüchern gereinigt werden. Wenn ein schmutziges Verdeck geöffnet wird und zusammengeklappt im Verdeckkasten liegt, werden unweigerlich Schmutz und Sand durch das Verdeckgestänge eingeklemmt. Durch die Bewegungen und Vibrationen während der Fahrt entstehen dann auf der Scheibenfolie tiefe Kratzer und Mattigkeiten.

**PROFITIPP:** Polituren generell nicht antrocknen lassen, sondern immer sofort ohne Druck und mit einem extraweichen Mikrofasertuch entfernen und abreiben.

Legen Sie sich doch zur Vorbeugung einfach ein weiches Tuch und einen Glanzreiniger ins Fahrzeug. Damit können Sie die Heckscheibe kurz reinigen, bevor Sie das Verdeck öffnen und verhindern so vorschnelles Verkratzen und Erblinden.

## Cabriodichtungen

Stoff-, Vinyl- und auch Blechfaltdächer haben eines gemeinsam: sie sind mit hochwertigen und entsprechend sensiblen Dichtsystemen ausgestattet, die das Eindringen von Wasser und das Entstehen von übermäßigen Windgeräuschen wirksam verhindern sollen. Zumeist altern diese teuren Dichtungen durch falsche oder mangelnde Pflege jedoch vorzeitig. Um ein Verspröden und Verhärten wirksam zu vermeiden und bevor bei Regenfahrten Wasser eindringt und Windgeräusche unerträglich werden, sollten Sie diesen Dichtungen unbedingt die richtige Pflege zukommen lassen. Sie müssen von Zeit zu Zeit mit viel Gefühl gereinigt und in Schuss gebracht werden.

Das Pflegemittel immer nur dünn auf die gereinigten Dichtungen mit einem weichen Tüchlein auftragen.

Zu diesem Zweck hat sich eine milde Reinigung mit Neutral- oder pH-neutraler Glyzerinseife bestens bewährt. Man nimmt etwas handwarmes Wasser, einen weichen kleinen Schwamm und etwas Seife zur Hand. Mit dem leicht nassen Schwamm schäumt man etwas Seife auf, und reibt damit sorgfältig die Dichtungen ab. Den gelösten Schmutz nimmt man mit einem feuchten Baumwollhandtuch auf und reibt anschließend noch einmal mit einem trockenen Tuch nach. Auf diese Weise sind die Dichtungen mild gereinigt und durch die Seife zugleich wieder rückgefettet. Anschließend sollten sie mit einer hochwertigen Gummipflege noch einmal zusätzlich gepflegt werden. Verwenden Sie hierfür nur silikonfreie Produkte und tragen Sie diese nur dünn auf die komplett trockenen Dichtungen auf. Lassen Sie das Produkt genügend lange einwirken und vollständig abtrocknen, bevor Sie das Verdeck wieder schließen. Bei besonders vernachlässigten Dichtungen, kann das Pflegemittel dünn ein zweites Mal aufgetragen werden, um dem Gummimaterial Weichheit und Substanz zurück zu geben.

**PROFITIPP:** Auch hier gilt, dass Universal-Cockpitpflegemittel für Kunststoffe und Gummi auf Silikonbasis solche Dichtungen nur kurzzeitig und scheinbar wieder in Form bringen. In der Folge werden sie klebrig weich, verschleißen umso schneller und müssen dann ausgetauscht werden.

# KAPITEL 5

# Felgen und Reifen

Fahrzeugliebhaber investieren zum Teil sehr viel Geld in die Ausstattung mit hochwertigen und zum Teil edlen Leichtmetallfelgen. Vor einigen Jahren waren simple Stahlfelgen noch der Standard bei den meisten Fahrzeugen, heute dagegen sind es zum Teil sehr aufwändig gestaltete Aluminiumfelgen. Diese werden zumeist gegossen, mitunter aber auch aus dem Vollen gefräst, sind ein- oder mehrteilig und teilweise mit hochwertigen veredelten oder speziell bearbeiteten Oberflächen versehen. Gerade weil Felgen insgesamt sehr hohen Beanspruchungen, Temperaturen und Verschmutzungen ausgesetzt sind, sollten sie keinesfalls vernachlässigt werden. Zeitiges und regelmäßiges Reinigen und Pflegen speziell dieser sensiblen, durch aggressiven, heißen Bremsbelagabrieb und Straßenschmutz bedrohten Felgenoberflächen lässt die teuren Stücke jahrelang gut und attraktiv aussehen. In der Regel gilt: lieber häufiger mild reinigen, als vernachlässigte Oberflächen mit dann notwendigen harten chemischen Keulen und aggressiven Werkzeugen zu ruinieren. Auch sollten Sie niemals säurehaltige Felgenreiniger verwenden. Diese zerstören nachhaltig die Klarlack- oder Pulverbeschichtung der Felge.

**PROFITIPP:** **Wie immer bitte nur im Schatten und auf abgekühlten Felgen arbeiten. Reinigen und bearbeiten Sie stets ein Rad nach dem anderen. Achten Sie bei Chemieprodukten genau auf die Verarbeitungshinweise des Herstellers. Überschreiten Sie niemals die Einwirkzeiten, und spülen Sie die Reinigungsprodukte immer rückstandslos ab.**

## Reinigen von Stahlfelgen

Die klassische und über viele Jahrzehnte übliche Automobilfelge ist die Stahlfelge. Diese ist lackiert und meist durch eine Radkappe optisch verschönert und dadurch modernen Alufelgen ähnlich gestaltet. Sie ist in der Regel pflegeleicht und lässt sich bei leichter Verschmutzung einfach mit etwas Shampoowasser und einem Schwamm oder einer weichen Felgenbürste schonend reinigen. Bei stärkerer Verschmutzung empfiehlt es sich, handelsüblichen Felgenreiniger nach Herstellerangaben benutzen.

**Auch sehr wirksame Reiniger sind effektiver, wenn Sie Werkzeuge zur Unterstützung einsetzen.**

Audi

Auch die heute meist aus Kunststoff gefertigte Radkappe kann auf die beschriebene Art und Weise mit Schwamm, Bürste und Pinsel innen wie außen schonend gereinigt werden. Legen Sie dabei wie gezeigt die Radkappe zur Reinigung auf ein Tuch, um Kratzer auf der Oberfläche zu vermeiden. Anschließend sofort alle Schmutz- und Reinigerreste gründlich abspülen, um Fleckenbildung zu vermeiden.

Nach der Reinigung ist übrigens auch der ideale Zeitpunkt, um Stahlfelgen auf eventuelle Beschädigungen und Korrosionsstellen zu untersuchen. Ist die Lackschicht beschädigt, sollte diese Schadstelle mit einem geeignetem Rostschutzmittel und (Tupf-)Lack umgehend ausgebessert werden. Die Verabreichung eines Korrosionsschutzöls oder eines Felgenwachses schützt die Stahlfelge abschließend wirkungsvoll vor Oxidation.

## Reinigen von stark verschmutzten Alufelgen

Wochen- oder monatelang nicht gesäuberte Alufelgen weisen nach einer gewissen Kilometerleistung einen dunklen weil eingebrannten Belag auf. Dieser durch hohe Temperaturen des Bremsstaubs und der Felge festgebackene Schmutzbelag ist nur schwer wieder rückstandsfrei zu entfernen, da er durch Oxidation eine feste Verbindung mit der Klarlackschicht der Felge eingegangen ist. Trotzdem sollte keinesfalls ein säurehaltiger Felgenreiniger zum Einsatz kommen, da diese Produkte nachhaltig die Felgenoberfläche zerstören.

**Stark verschmutzte Felgen während der Einwirkzeit mit geeigneten Werkzeugen bearbeiten.**

Bestens bewährt hat sich hier ein wirkungsvoller aber säurefreier Gelreiniger. Die Gelformel bewirkt, dass der Reiniger nicht so schnell abläuft und er daher die Schmutzschicht wirksamer penetrieren kann. Um den Reiniger wirkungsvoll zu unterstützen, sollte man bei der Verabreichung zusätzlich Bürsten und Pinsel mit Nylonborsten verwenden. Diese Spezialbürsten können mit einem Akkuschrauber oder von Hand eingesetzt werden. Die mechanische Wirkung der Bürste ermöglicht dem

Reiniger, schneller und tiefer in die Schmutzschicht einzudringen, und verkürzt dadurch zudem dessen Einwirkzeit. Dadurch wird auf lange Sicht die Felgenoberfläche geschützt.

Noch vor Ende der vom Hersteller vorgeschriebenen Einwirkzeit mit einem starken Wasserstrahl den gelösten Schmutz und das Reinigungsmittel gründlich abspülen. Wenn jetzt noch Reste der Verschmutzung in Ecken und Kanten der Felge verblieben sind, lieber noch ein zweites Mal nachreinigen, um die verbliebenen Schmutzreste sicher zu entfernen. Dazu den Reiniger nur noch punktuell auf diese Stellen sprühen und sofort mit einem Pinsel einarbeiten. Dann nochmals wie vorgeschrieben einwirken lassen, gründlich abspülen und kontrollieren, ob nun alle Ecken und Kanten sauber sind. Sollten dann immer noch vereinzelt fühlbare dunkle Bremsstaubpartikel vorhanden sein, lassen sich diese perfekt mit einer alten Lackreinigungsknete entfernen. Zum Abschluss ist es dringend angeraten, die Felge durch Polieren und Konservieren nachhaltig zu schützen. Siehe entsprechenden Abschnitt.

**PROFITIPP:** Felgenreiniger nur auf kühle Oberflächen und von unten nach oben aufsprühen. Dadurch werden hässliche weiße Laufspuren vermieden. Den Reiniger immer sehr gründlich vor Ablauf der Einwirkzeit abspülen, um Schädigung und Fleckenbildung auf den Felgenoberflächen zu vermeiden.

## Reinigen von normal verschmutzten Alufelgen

Auch normale Verschmutzungen der Felgen sollten, wenn sie sich nicht einfach mit einem Autoshampoo bei der Fahrzeugwäsche beseitigen lassen, mit einem Felgenreiniger vorsichtig entfernt werden. Dazu kann die Felge mit einem harten Wasserstrahl

**Auch flüssige Reiniger auf normal verschmutzten Felgen durch weiche Bürsten unterstützen.**

von losem Schmutz befreit und anschließend mit einem flüssigen Felgenreiniger von unten nach oben eingesprüht werden. Während der Einwirkzeit können leichtere Verschmutzungen mit weichen Naturhaarbürsten oder Pinseln von Hand oder mit Hilfe eines Akkuschraubers (mit Drehmomentbegrenzung!) schonend gelöst werden. Die weicheren Naturborsten bzw. ein weicherer Schwamm belasten die lack- oder pulverbeschichtete Felgenoberfläche am wenigsten. Noch vor der maximalen Einwirkzeit den gelösten Schmutz und den Reiniger mit einem harten Wasserstrahl oder Hochdruckreiniger gründlich entfernen. Wie bei stark verschmutzten Felgen auch hier kontrollieren, ob die Verschmutzung rückstandslos entfernt wurde. Andernfalls mit Reiniger oder Knete nochmals nacharbeiten.

**WICHTIG:** Wenn Sie einen Hochdruckreiniger zur Felgenreinigung einsetzen, sollten Sie niemals mit Maximaldruck arbeiten und mindestens 30 bis 40 cm Abstand zwischen Sprühkopf und Felge einhalten. Dann werden weder Reifenflanken noch Bremssättel, -leitungen und -schläuche beschädigt.

## Polierte Alufelgen reinigen

Besonders wertvolle Alufelgen, die nachträglich hochglanzpoliert oder hochglanzverdichtet sind, sollten nur äußerst mild und mit den weichsten Werkzeugen gereinigt werden. Diese extrem sensiblen Oberflächen dürfen nur mit sehr mildem Shampoowasser und superweichen Schwämmchen oder Naturhaarpinseln gesäubert werden. Sie verzeihen keine fehlerhafte Reinigung und reagieren sofort mit Glanzverlust oder Fleckenbildung, sobald aggressive Reiniger verwendet werden. Oder sie zeigen feine Kratzer, wenn das eingesetzte Werkzeug zu hart war. Wer also nach der Reinigung solcher Felgen ein schlierenfreies Ergebnis haben möchte, sollte bei seiner Arbeit äußerst vorsichtig und sorgfältig vorgehen. Hier gilt ganz besonders: Reinigen Sie lieber öfter einmal zwischendurch mit milden Mitteln oder auch nur mit klarem Wasser als zu selten und dann mit der Chemiekeule und/oder aggressiv wirkenden Werkzeugen.

**WICHTIG:** Ausschließlich sehr milde Seifen und Shampoos verwenden. Nichts antrocknen lassen, sofort abspülen, und die Felge anschließend mit weichen Tüchern und Druckluft trocknen. Andernfalls ist mit Tropfenrändern und Flecken zu rechnen.

**Bei aufwendig verschraubten Felgen helfen Pressluft und ein weiches Tuch zur Trocknung.**

## Chromfelgen reinigen

Verchromte Fahrzeugfelgen sind ebenfalls sehr sensibel, was Reinigung und Pflege angeht. Auch sie sollten, wie polierte Alufelgen, nur mit milden Mitteln und weichen Werkzeugen bearbeitet werden.

Wenn einmal etwas stärker verschmutzte Chromfelgen sich nicht mit Shampoowasser reinigen lassen, kann auch ein milder Felgenreiniger eingesetzt werden. Aber Vorsicht: In der Praxis hat sich gezeigt, dass ein Felgenreiniger maximal 30 Sekunden einwirken sollte, und sofort gründlich abgespült werden muss. Nur so lassen sich Flecken und Schatten auf der galvanisch veredelten Oberfläche vermeiden.

**WICHTIG:** **Nach dem gründlichen Abspülen, wie auch im Fall der polierten Felgen, direkt mit weichen Tüchern trockenreiben, um Fleckenränder zu vermeiden. Ideal ist das Ausblasen von Ecken und Kanten per Druckluft, um Felgen schnell, perfekt und fehlerfrei zu trocknen.**

# Felgenreinigung und -pflege

| *Felge* | *Starke Verschmutzung* | *Normale Verschmutzung* | *Leichte Verschmutzung* | *Schutz-Versiegelung* |
|---|---|---|---|---|
|  *Stahl, lackiert* | **Gel-Felgenreiniger** | **Flüssiger Felgenreiger** | **Auto-Shampoo** | **Wachs** |
|  *Alu, lackiert* | **Gel-Felgenreiniger** | **Flüssiger Felgenreiger** | **Auto-Shampoo** | **Wachs oder Lack-versiegelung** |
|  *Alu, poliert* | **Seifenwasser** | **Seifenwasser** | **Klares Wasser** | **Sprühwachs oder Liquid Glass©** |
|  *Stahl/Alu, verchromt* | **Felgenreiniger** *(Nur sehr kurz einwirken lassen)* | **Auto-Shampoo** | **Klares Wasser** | **Spezial Metall-versiegelung** |
|  *Matt, beschichtet* | **Auto-Shampoo** | **Auto-Shampoo** | **Klares Wasser** | **Mattlack-Pflege** |

***Gel-Felgenreiniger:*** Mit Werkzeug unterstützen, gründlich absprühen und trocken reiben.

***Flüssiger Felgenreiniger:*** Mit Werkzeug unterstützen, gründlich absprühen und trocken reiben.

***Auto-Shampoo:*** Mit einem Schwamm; gründlich absprühen und trocken reiben.

***Seifenwasser:*** Mit einem Schwamm; gründlich absprühen und trocken reiben.

***Klares Wasser:*** Absprühen und mit weichen Microfasertuch nachreiben.

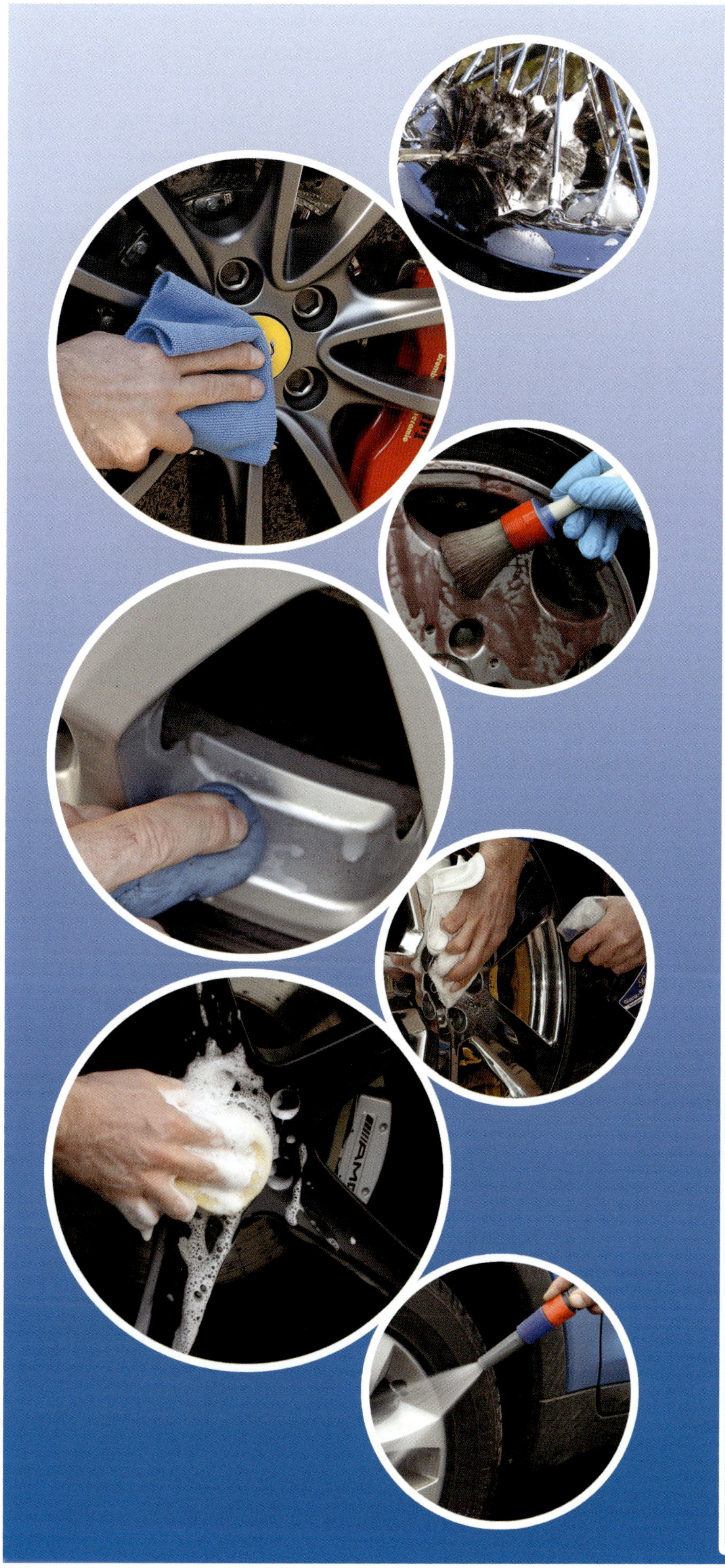

BBS

## Mattlackfelgen reinigen

Ein neuer Trend unserer Tage sind mattlackierte oder beschichtete Alufelgen. Diese Oberflächen dürfen auch nur sehr vorsichtig gereinigt und gepflegt werden. Vorzugsweise sollten Sie sie ausschließlich mit Seifenwasser oder Autoshampoo und weichen Werkzeugen bearbeiten. Um Bremsstaubanhaftungen auf den matten Oberflächen zu vermeiden, ist es ratsam, sie unbedingt häufiger zu säubern, denn es gibt zurzeit noch keine speziell abgestimmten Reiniger oder Polituren für solche Oberflächen.

zuerst mit einem wirksamen Lackreiniger und dann mit einer Politur wieder auf Vordermann gebracht werden. Fühlbare Ablagerungen und eingebrannte Bremsstaubpartikel müssen vorher jedoch durch eine vorzugsweise alte Lackreinigungsknete vollständig entfernt werden. Anschließend kann dann bei stärkerer Mattigkeit und deutlichen Kratzspuren aus der Waschstraße ein handelsüblicher Lackreiniger, vorzugsweise mit einem Baumwolltuch verarbeitet werden. Bei ganz hartnäckigen Fällen darf man auch eine Schleifpaste nutzen. Auf jeden Fall sollte die Oberfläche anschließend wieder spurenfrei glänzen.

**PROFITIPP:** Fettig glänzende Verschmutzungen lassen sich mit einem Glasreiniger und einem Mikrofasertuch perfekt entfernen. Wer eine gleichzeitige Pflege mit guter Schutzwirkung verbinden möchte, sollte eine Mattlackpflege einsetzen. Auch diese speziellen Oberflächen müssen direkt nach der Nassreinigung durch Druckluft und Tuch getrocknet werden, um Fleckenränder zu vermeiden.

Durch eine abschließende Lackpolitur wird die Oberfläche noch weiter geglättet und die Brillanz verbessert. Diese Politur entfernt noch sehr viel feinere Spuren, was sehr wichtig für eine wirksame Versiegelung der Oberfläche ist. Je spurenärmer eine Lackoberfläche ist, umso weniger können aggressive Verschmutzungen und Chemikalien ein-

## Felgenpflege

Felgenoberflächen sind durch Hitze, Bremsbelagabrieb, Spritzwasser und Steinschlag sehr stark gefährdet und strapaziert. Daher sollten sie nicht nur gewissenhaft gereinigt sondern auch entsprechend geschützt werden. Denn eine gut geschützte, versiegelte Felgenoberfläche lässt sich einfacher und mit milderen, schonenderen Mitteln reinigen. Überdies können Verschmutzungen auf einer glatten versiegelten Oberfläche nicht in die Struktur eindringen und sich festsetzten.

Einfache Stahlfelgen sind mit einem Felgen- oder Hartwachs gut und mit wenig Aufwand zu schützen. Angegriffene und matte Oberflächen von Stahl- und Alufelgen wie auch Radkappen sollten dagegen

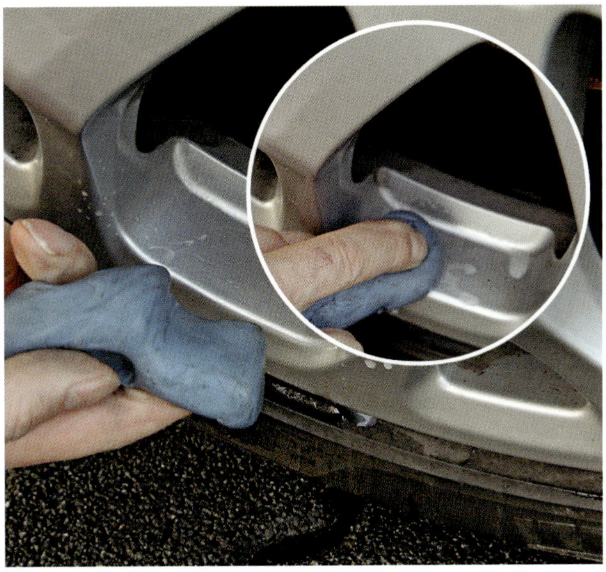

**Eine alte Reinigungsknete entfernt sicher Partikelreste, die bei der Felgenreinigung nicht entfernt wurden.**

**Es macht Sinn Felgenoberflächen zu schützen, da diese extremen Belastungen ausgesetzt sind.**

dringen und sich festsetzen. Um nach der Politur einer Versiegelung optimale Haftung zu bieten, habe ich zuerst immer etwas Glasreiniger aufgesprüht und mit einem Mikrofaserreinigungstuch nachgerieben. So ist die Felgenoberfläche perfekt aufnahmebereit für eine haltbare Versiegelung. Zum Abschluss von diesem Versiegelungsprodukt etwas auf ein kleines Baumwolltüchlein geben und dünn und gleichmäßig auftragen. Antrocknen lassen und mit einem Baumwoll- oder Mikrofasertuch nachreiben und aufpolieren.

In der Praxis hat sich übrigens das Auftragen mehrerer Versiegelungsschichten bestens bewährt. Dadurch wird die Oberfläche wirkungsvoller und über einen längeren Zeitraum geschützt. Zwar erhöht jede weitere Schicht die Schutzwirkung, aber bei maximal vier Schichten, über mehrere Stunden verteilt aufgetragen, sollte die Prozedur enden. Danach reicht es aus, Felgen mindestens einmal wöchentlich mit Wasser und Autoshampoo mild und schonend zu reinigen – dies entspricht der praktischen Erfahrung der letzten Jahre.

Bei polierten Alufelgen und Chromfelgen ist nach der Verabreichung einer hochwertigen Metallpolitur ein schützender Auftrag eines Wachses oder einer besonderen Lackversiegelung sehr zu empfehlen. Dadurch werden die sensiblen Metalloberflächen bewitterungsfester und stabiler gegen die Einwirkung von Shampoowasser. Zudem kann man die Pflegeintervalle deutlich verringern.

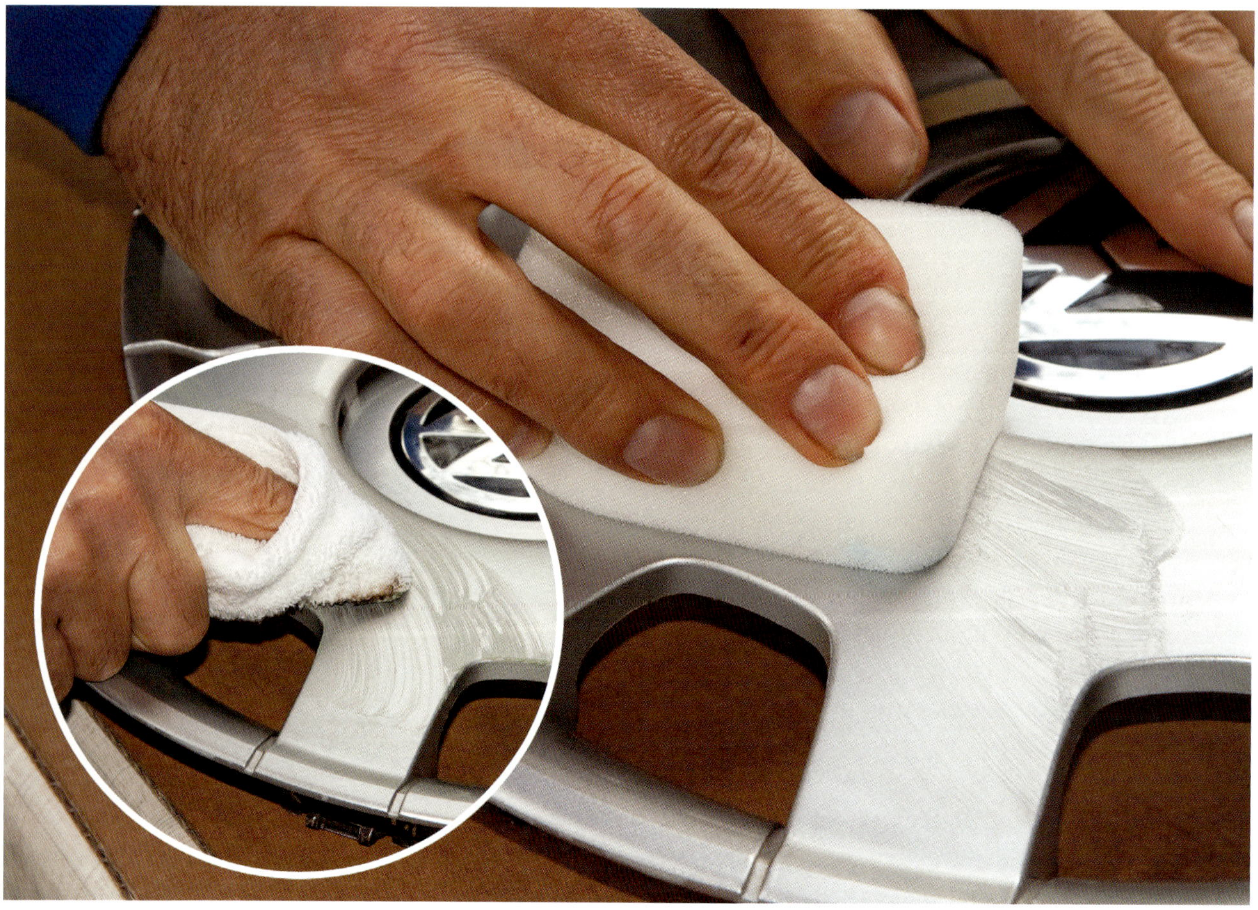

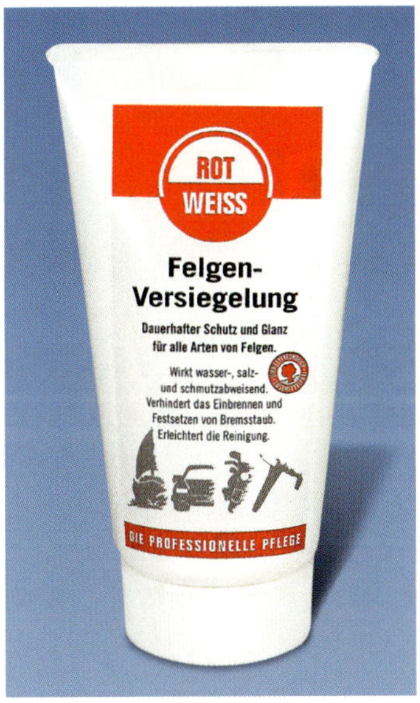


**Nach dem Auffrischen mit Lackreiniger die Felgen versiegeln.**

Mattlackierte Felgen bitte ausschließlich mit Spezialprodukten für matte Oberflächen schützen und pflegen. Das sollte jedoch häufiger geschehen als bei glänzenden Felgenoberflächen.

## Reifenpflege

Reifen gehören zu den am stärksten beanspruchten Bauteilen am Fahrzeug. Sie sind täglich extremen Temperaturen und Dehnungsprozessen ausgesetzt. Hinzu kommt, dass die äußere Reifenflanke zusätzlich aggressive Chemikalien bei der Felgenreinigung und häufig Hochdruckreiniger aushalten muss. Kurzum: Auch Reifen profitieren von regelmäßiger Pflege. Und letztlich ist ein gepflegter schwarzer Reifen, vom Hersteller mit schönen Schriften und Strukturen auf der Ansichtsflanke versehen, auch eine Zierde für schöne Felgen.

Für die normale Reinigung sind milde Seifen und Reiniger bestens geeignet. Nur bei stark verschmutzten oder durch ungeeignete Pflegemittel

braun oder blau-grau angelaufenen Reifenflanken sollte ein spezieller Gummi- oder Weißwandreifenreiniger eingesetzt werden. Mit Hilfe einer kleinen Nylonbürste lassen sich dann die strukturierten Oberflächen bestens säubern. Danach gründlich abspülen und trocknen lassen. Durch Neutral- oder Glyzerinseife erhält die Reifenflanke zusätzlich etwas Rückfettung, was in der Regel auch die Optik verbessert. Wer aber ein tieferes Schwarz und etwas Glanz bevorzugt, kann anschließend spezielle Reifenpflegemittel mit einem Schwämmchen dünn und gleichmäßig auftragen.

**WICHTIG:** Noch einmal sei gesagt, dass Reifen nie direkt mit aggressiven Reinigern und Hochdruckstrahlern malträtiert werden dürfen. Wenn Strahler eingesetzt werden, muss der Sprühkopf mindestens einen Abstand von 30 bis 40 cm vom Gummi bewahren.

# KAPITEL 6

# Handpoliertechniken

Diese wohl meistgenutzte Arbeitstechnik, um Lackoberflächen zu reinigen und zu polieren, soll in diesem Kapitel einmal näher unter die Lupe genommen werden. In den letzten Jahren habe ich zahlreiche Versuche gemacht, um möglichst spurenarm vorhandene feine Oberflächenkratzer und Hologramme zu entfernen. Ich habe dabei festgestellt, wie wichtig z. B. das richtige Werkzeug für ein nahezu spurenfreies Ergebnis auf sensiblen dunklen Lacken ist. War es noch vor Jahren möglich, mittels Polierwatte und einem Baumwollhandtuch eine Lackoberfläche zu bearbeiten, so würde man mit diesen Werkzeugen heute eine moderne Lackoberfläche sichtbar schädigen. Das Fazit ist: Mit den neuen schadstoffreduzierten und zum Teil wasserbasierten Lacksystemen haben sich Pflegeprodukte, Werkzeuge und Arbeitstechniken grundlegend geändert. Und gerade Letztere wollen wir uns im Folgenden einmal genauer ansehen.

Der erste Schritt einer nahezu spurenfreien Lackreinigung oder Lackpolitur nach einer gründlichen Fahrzeugwäsche ist das Entfernen fühlbarer Lackablagerungen und Partikel. Werden diese zumeist auf den horizontalen Karosserieoberflächen (Dach und Hauben) festsitzenden Partikel nicht durch

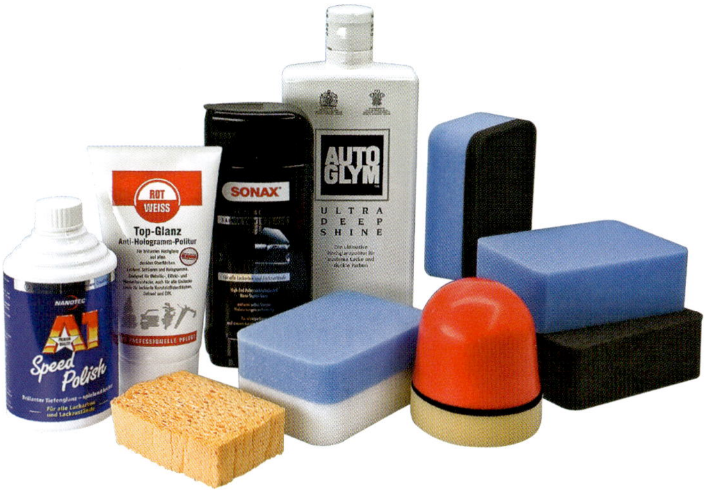


**Eine Auswahl an Produkten zur Lackreinigung und Politur sowie geeignete Werkzeuge.**

eine Reinigungsknete entfernt, lösen sie sich später beim Polieren ab. Dann entstehen unweigerlich diese hässlichen tiefen Spuren, die man anschließend in der Sonne nur allzu gut erkennen kann.

Ich habe diese spezielle Lackreinigungsknete vor rund 14 Jahren kennen und schätzen gelernt. Seit dieser Zeit nutze ich dieses simple aber ungemein effektive Produkt, um Lackoberflächen so glatt wie eine Glasoberfläche zu reinigen und dadurch im Anschluss nahezu spurenfrei zu polieren. Wie schon weiter oben mehrfach beschrieben, werden mit der Spezialknete eingebrannte Partikel des Bremsbelagabriebs oder Industrieablagerungen wie auch Baumharze und Insektenreste wirkungsvoll entfernt. Würde man diese Partikel erst bei der Lackreinigung oder beim Polieren mit dem Werkzeug (z. B. Polierschwamm oder Mikrofasertuch) lösen, so würde das beim Bearbeiten der Lackoberfläche zu sichtbaren Spuren führen.

R36

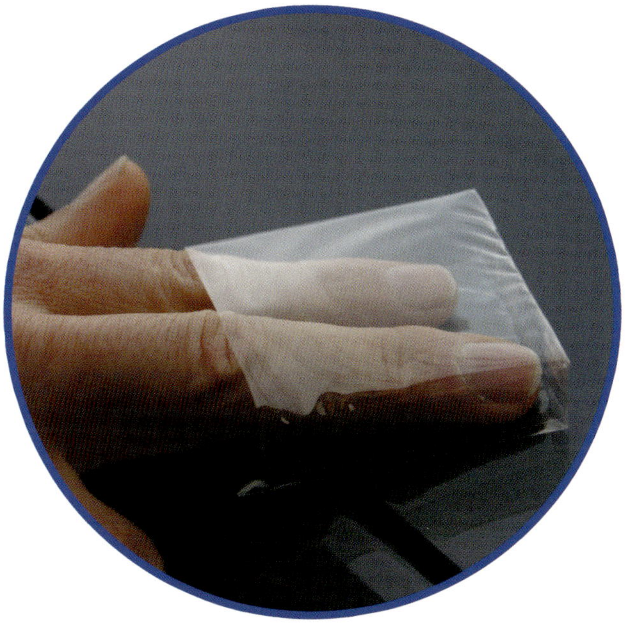

**PROFITIPP:** Wenn Sie bei der Kontrolle (Abtasten per Hand) der Lackoberfläche keine Partikel mehr spüren, dann stülpen Sie sicherheitshalber noch einmal etwas Zellophanfolie über die Finger. Damit spüren Sie dann auch die feinsten festsitzenden Ablagerungen und Partikel auf der Lackoberfläche.

Neue Werkzeuge bei der Handpoliertechnik sind zum einen Auftragsschwämmchen und zum anderen Mikrofaserpoliertücher. Erstere sind in handlicher Größe und Form vorzugsweise aus weichen Polierschaumstoffen gefertigt. Sie sollten auswaschbar sein, weil Sie nach kurzer Zeit mit Poliermittelresten und Lackabrieb gesättigt sind und nicht mehr wirkungsvoll arbeiten. Daher ist es wichtig, stets einen Eimer Wasser und etwas Seife griffbereit zu haben, um die verschmutzten Werkzeuge zwischendurch zu reinigen. Auch ist es kein Fehler, mehrere saubere Schwämmchen und Tücher

**Watte ist zum Verarbeiten von Polituren auf modernen Lacken ungeeignet.**

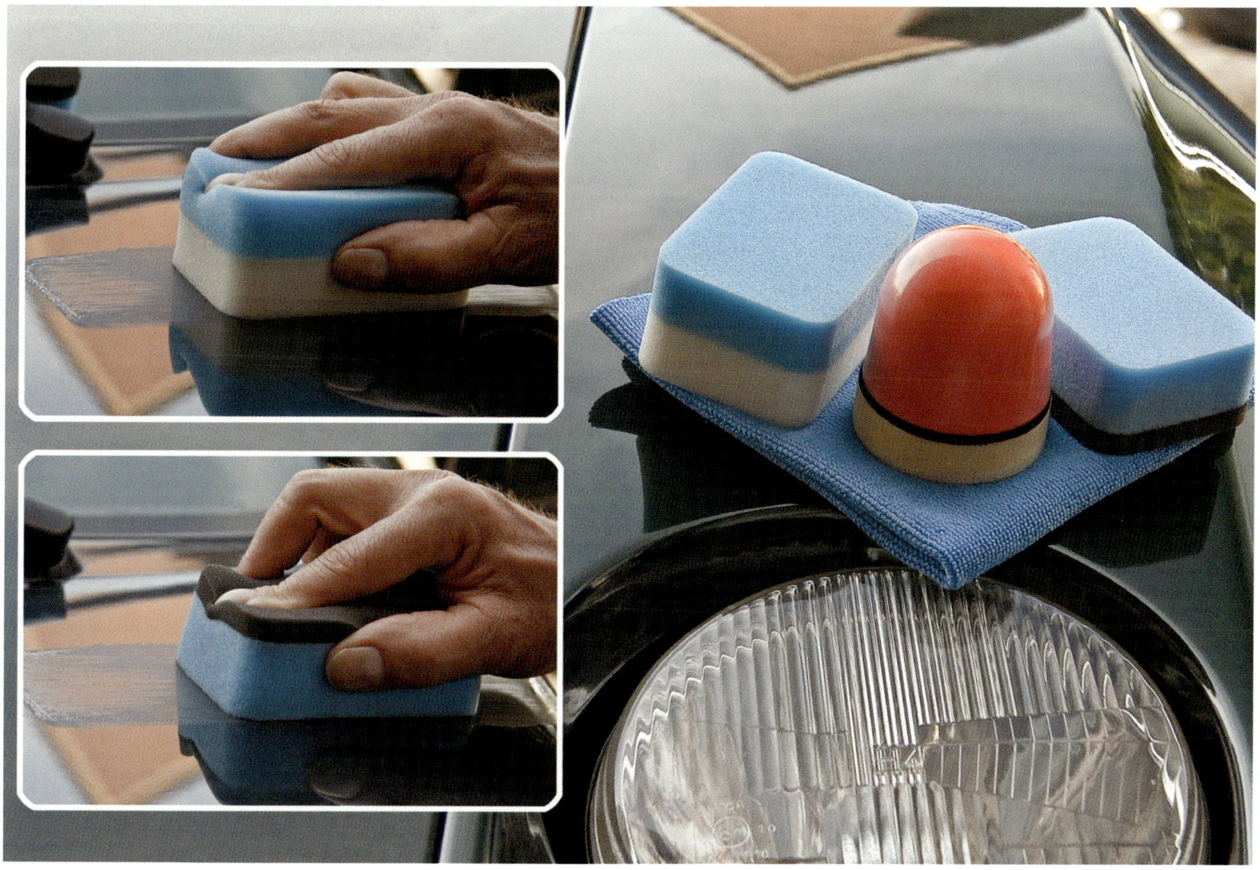

**Lackreinigung mit unterschiedlichen Schaumhärten führt zu unterschiedlichen Ergebnissen.**

**Nur kleine Teilbereiche bearbeiten und direkt im Anschluss das Poliermittel mit einem strukturierten Mikrofasertuch entfernen.**

für eine fehlerfreie Bearbeitung der Lackoberfläche bereit zu halten.

**PROFITIPP:** Feuchte Polierschwämme arbeiten auf sensiblen Lackoberflächen sanfter und das Poliermittel verteilt sich besser und gleichmäßiger auf dem Werkzeug.

Vorzugsweise sollte man – wie beim Polieren mit der Maschine – verschiedene Schaumstofffestigkeiten (Fachbegriff: Stauchhärten) zur Verfügung

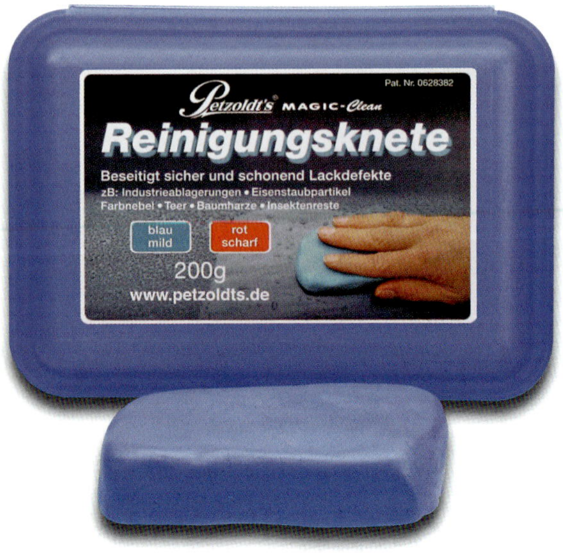


haben, weil Werkzeughärte und -festigkeit für das Polierergebnis genauso wichtig sind wie das verwendete Produkt, beide Elemente sind für Lackabtrag und möglichst spurenarmen Glanz fast gleichberechtigt zuständig. Daraus folgt, dass man durch die Werkzeughärte und die Anzahl der Polierbewegungen die Intensität des Lackabtrags steuern kann. Das ist für den Prozess der Lackreinigung und die Spurenbeseitigung von Hand äußerst wichtig. Fassen wir also zusammen: Je härter das Werkzeug, desto mehr Lackabtrag und Spurenbeseitigung ist möglich, je weicher ein Werkzeug, desto milder, spurenärmer und glänzender ist das Polierergebnis.

**PROFITIPP:** Immer erst einmal milder und weicher starten! Wenn das nicht reicht, die nächst härtere Variante probieren.

Nun aber zur eigentlichen Arbeitstechnik der Handpolitur. Wichtig ist, immer nur mit leichtem Druck und in geraden (!), überlappenden Bewegungen zu arbeiten. Dadurch werden Hologramme (kreisrunde Haarlinienkratzer) vermieden. Dabei immer in Gegenrichtung zu vorhandenen Spuren im Lack arbeiten, wodurch diese wirkungsvoll entfernt werden können. Grundsätzlich nur kleine Sektionen,

ca. 30 mal 40 cm groß, bearbeiten und dabei das Polierprodukt keinesfalls antrocknen lassen. Für den nächsten Bereich wenige Tropfen neues Polierprodukt auf das Werkzeug geben, damit die schleifende oder polierende Wirkung erhalten bleibt.

Den zweiten Schritt einer perfekten Lackreinigung immer mit einem weicheren Werkzeug diagonal oder quer zur vorigen Bewegung ausführen – durch diese Technik werden feinste Spuren des ersten Arbeitsgangs wirkungsvoll entfernt und das Endergebnis deutlich optimiert. Polieren Sie niemals über Konturen und Kanten, dort ist der Lack am dünnsten und irgendwann leuchtet unweigerlich die Grundierung durch. Kleben Sie, wenn nötig, angrenzende Kunststoff- oder Gummileisten ab, um sie nicht im Eifer des Gefechts mit schwer entfernbaren Poliermittelflecken zu übersäen.

Nun zu den Mikrofasertüchern, die weicher und feiner als Baumwolltücher sind, und sich dadurch besser für den Polierprozess eignen. Auch dort gibt es deutliche Unterschiede bezüglich Weichheit und Struktur.

**PROFITIPP: Verwenden Sie nur hochwertige Poliertücher mit umnähter Kante oder solche, die randlos mit Laser geschnitten sind. Verwenden Sie niemals Haushaltsputztücher! Diese haben andere Faserstrukturen und meist eine harte Umnähung, die beim Gebrauch den Lack verkratzt.**

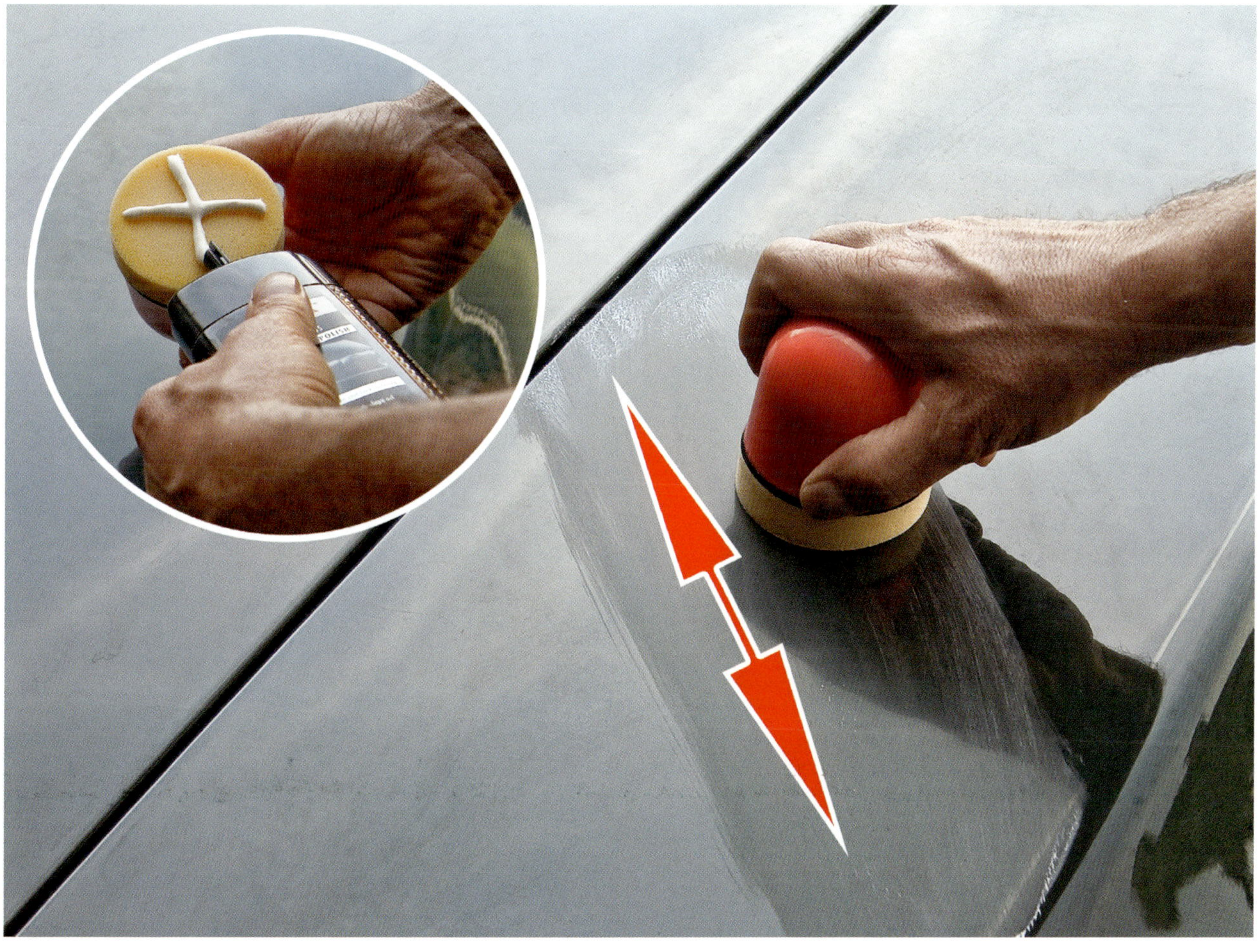

**Produkt auf das Werkzeug geben und mit leichten Druck diagonal zu den vorhandenen Waschstraßenspuren arbeiten.**

Eine sogenannte Waffelstruktur im Mikrofasergewebe ist ideal um Poliermittel abzutragen, und wird in der Autoindustrie auch dafür verwendet. Weichere Tücher eignen sich am besten dazu, feinste Poliermittelreste bei der letzten Endkontrolle nach einer Lackreinigung oder einer Lackpolitur schonend zu entfernen. Ganz weiche, flauschige sind ideal, um Wachse spurenfrei aufzupolieren. Es gibt aber auch noch superfeine Tücher, deren Fadenstärke nur ein Zweihundertstel eines menschlichen Haares und damit die Hälfte der normalen Fadenstärke eines Mikrofasertuches beträgt. Mit diesen kann man in einem letzten Schritt (trocken oder feucht) auf ganz sensiblen dunklen Lacken spurenfrei nachreinigen. So vorbereitet steht einer optimalen konservierenden Versiegelung der Lackoberfläche nichts mehr im Weg.

# KAPITEL 7

# Maschinenpoliertechniken

Das folgende Kapitel widmet sich dem maschinellen Polieren von Lackoberflächen zum Zweck der Entfernung z. B. von Bewitterungs- oder Waschanlagenspuren. Aufgrund der nicht unproblematischen Arbeitstechniken richtet es sich primär an handwerklich begabte Autobesitzer, die über eine Poliermaschine verfügen. Es erfordert schon etwas Geschick und Übung, eine Lackoberfläche fehlerfrei mit einer Poliermaschine zu bearbeiten. Weil hier sehr viele Faktoren zu beachten sind, z. B. Maschinentyp, Stützteller, Polieraufsatz und Drehzahl, möchte ich an dieser Stelle meine diesbezüglichen Erfahrungen weitergeben.

**PROFITIPP:** Bei allen Polierarbeiten auf Lackoberflächen immer Ringe, Armbanduhren und Gürtel ablegen, um unbeabsichtigte Kratzer und Beschädigungen zu vermeiden.

Zunächst zu den unterschiedlichen Drehbewegungen von Poliermaschinen. Der gebräuchlichste Maschinentyp ist der Rotationspolierer mit seiner kreisrunden Polierbahn. Fast ausschließlich mit diesem Maschinentyp wird im Profibereich poliert, denn diese Polierbewegung entfernt am schnellsten defekte Lacksubstanz. Aber Vorsicht: Bei unsachgemäßer Handhabung und Maschinenführung entstehen schnell Polierspuren und Hologramme.

Deutlich einfacher in der Handhabung sind Maschinen, deren Polierteller eine zwangsgesteuerte Wellenbahn beschreibt. Dieser spezielle Typ wird im Profibereich vor allem zum Nachpolieren oder zur Entfernung von Hologrammen (kreisrunden Haarlinien) verwendet. Da die Polierbewegung sanfter ist, weniger Lackabtrag bewirkt und Hologramme verhindert, kann man solche Maschinen auch weniger geübten Anwendern empfehlen.

NOVA
14MM
BACKING PAD

Der normale Exzenterpolierer ohne Zwangssteuerung ist dagegen nicht zur Lackreinigung oder Spurenentfernung geeignet. Sein geringer Arbeitshub kann in Kombination mit einem sehr weichen Polierschaumstoff nur zum Glanzpolieren oder Auftragen von flüssigem Wachs genutzt werden. Zur Illustration des Gesagten sind hier zwei Maschinen aus dem Profibereich mit den unterschiedlichen Polierbewegungen abgebildet.

**Der klassische Polierer mit der Drehbewegung.**

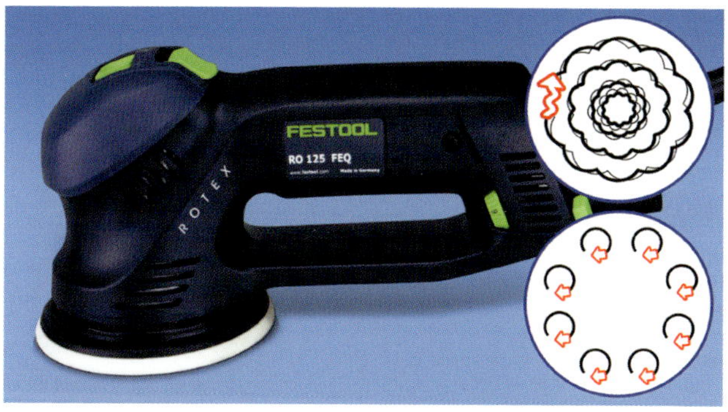


**Die Spezialmaschine mit der Wellenbahn und der Exzenterbewegung.**

Ein wesentliches Element des Maschinenpolierens sind die unterschiedlichen Stützteller, auf denen die Polierwerkzeuge, meist Schwämme mit Kletthaftung, befestigt werden. Die Größe der Stützteller und ihre Weichheit sind für das Polierergebnis von großer Bedeutung. Mit einem größeren und harten Stützteller bewirkt man einen schnelleren Lackabtrag. Ist der Stützteller etwas kleiner und weicher, ist das Polierergebnis milder und spurenärmer, besonders wenn man auf gewölbten Oberflächen arbeitet. Wenn z. B. ein im Durchmesser 125 mm großer Stützteller einen 150 mm messenden Schwamm trägt, wird die Schleifwirkung insgesamt reduziert, denn der Polierschwamm schleift im äußeren Bereich am stärksten. Durch den Überstand ist die Wirkung folglich milder, man poliert nicht so schnell durch, und ungeübte Anwender haben es deutlich leichter spurenfrei zu arbeiten. Man sieht: Auch kleine Details sind manchmal ganz wichtig, um ein optimales Ergebnis zu erreichen.

Eine noch wichtigere Rolle für ein perfektes Polierergebnis spielen die Polierschwämme aus Schaumstoff. Wer bei den Schwämmen spart, verschlechtert eindeutig das Poliererergebnis. Qualitativ gute Schwämme haben eine konstante, lang anhaltende Schleif- und Polierwirkung, ohne die Oberfläche zu schädigen oder ungewollte Laufspuren zu erzeugen. Es sind grundsätzlich zwei Arten von Polierschaumstoffen zu unterscheiden: die luftdurchgängigen (retikulierte Schaumstoffe) und die geschlossenen Schaumstoffstrukturen (unretikuliert). Die luftdurchgängigen eignen sich besser für großflächiges Arbeiten bei der Lackaufbereitung. Ich habe in der Vergangenheit festgestellt, dass diese Art Schaumstoff kühler, besser in der Aufnahme und Verteilung des Poliermittels und dadurch fehlerärmer arbeitet. Man kann sehr einfach testen, ob es sich um einen retikulierten Schaumstoff handelt. Pusten Sie einfach ins Material. Wenn die Luft nicht stockt, sondern durchgelassen wird, haben Sie den richtigen Schaumstoff zum Aufbereiten der Lackoberflächen Ihres Fahrzeugs gefunden.

Auch die Schaumstoffhärte ist natürlich für das Poliererergebnis sehr wichtig. Während man in der professionellen Fahrzeugaufbereitung harte Schwämme zum Vorpolieren und damit zum Entfernen tiefer Kratzer oder Bewitterungsspuren verwendet, sollte ein ungeübter Anwender nur mit mittelharten oder weichen Schaumstoffschwämmen arbeiten. Diese tragen weniger Lack ab, sind aber auch deutlich spurenärmer in der Anwendung. Mit einer Kombination aus mittelhartem Polierteller und Feinschleifpolitur (Lackreiniger) lassen sich fast alle Gebrauchsspuren und Waschkratzer mild aus der Lackoberfläche entfernen.

Extraweiche Polierteller sollten eingesetzt werden, um mit Hilfe einer Politur feinste Spuren zu entfernen. Wenn es sich um einen ganz sensiblen und putzempfindlichen Lack handelt, verwenden Sie bitte auch nur ganz weiche Schaumstoffe, um Polierspuren möglichst zu vermeiden – frei nach der Devise: Lieber den einen oder anderen Kratzer nicht

**Grobe Fehler beim maschinellen Polieren**
**1: Werkzeug verkanten**

**2: Über Karosseriekanten polieren**

**3: Kleine Konturen mit großem Teller bearbeiten**

versuchen zu entfernen, dafür aber ein deutlich verbessertes Gesamtbild erhalten.

Zum Abdecken und zum Schutz gefährdeter Lackkanten, Zierleisten aus Kunststoff und Metall sowie Gummidichtungen verwende ich gerne spezielle Lackiererklebebänder. Diese bieten neben dem Schutz gegen Durchpolieren den enormen Vorteil, temperaturstabil zu sein. Sie lassen sich selbst nach Überhitzung durch die rotierende Scheibe einer Poliermaschine rückstandslos abziehen. Die Spezialbänder haften hervorragend auf Kunststoff und Gummi, wo normale Abklebebänder sich schon beim bloßen Hinschauen wieder ablösen.

Ein weiterer für die Güte des Endergebnisses entscheidender Arbeitsschritt ist das Entfernen von Ablagerungen bevor die maschinelle Bearbeitung einer Lackoberfläche beginnt. Zwar wiederhole ich mich hier, aber man kann nicht oft genug betonen, dass es ohne das Entfernen von z. B. scharfkantigen Eisenstaubpartikeln mit Hilfe der schon mehrfach erwähnten Reinigungsknete kein spurenfreies Polierergebnis geben kann. Alle Ablagerungen, die durch die voraus gegangene gründliche Wäsche nicht entfernt wurden, werden sich beim Polieren lösen, im Werkzeug mitlaufen und Kratzer und Laufspuren verursachen, wenn nicht zuvor sorgfältig mit der Reinigungsknete gearbeitet wurde. Die erwähnten Partikel sind meist viel größer als das Schleif- oder Polierkorn in der Politur und verewigen sich deshalb gut sichtbar in der Lackoberfläche. Also: Erst eine wirklich saubere und ablagerungsfreie Lackoberfläche schaffen bevor die Poliermaschine eingeschaltet wird.

**Bevor wir mit dem eigentlichen Polieren beginnen, noch drei grundsätzliche Punkte zum korrekten Führen einer Poliermaschine:**

1. Das Werkzeug, der Polierschwamm, muss beim Polierprozess immer vollflächig aufliegen. Ein Verkanten führt zu Spuren- und Hologrammbildung.
2. Nicht mit der Poliermaschine über Karosseriekanten und Konturen fahren, dort ist der Lackfilm dünner als auf der Fläche und daher sehr schnell durchpoliert.
3. Kleinteile und Türkanten nie mit großen Polierwerkzeugen bearbeiten, denn diese schleifen bei der geringen vorhandenen Auflage hässliche Spuren in die Lackoberflächen.

Nach diesen Vorbemerkungen kommen wir nun zum eigentlichen Polieren mit der Maschine. Hier ist es zunächst wichtig, das Poliermittel auf das

**Werkzeug mittig auf den Stützteller kletten, Feinschleifpaste im Außenbereich auftragen und den Schwamm vollflächig auflegen.**

Werkzeug – also den Polierschwamm – so aufzutragen, dass es sich auf den wichtigen Zonen schnell verteilt. Wir wissen, dass der äußere Bereich des Schaumstoffpolierschwamms die größte Schleifwirkung hat, daher sollte das Poliermittel und das Oberflächen schonende Gleitmittel dort aufgetragen werden. Also: Einige Kleckse auf den Außenbereich des Werkzeugs geben oder alternativ das

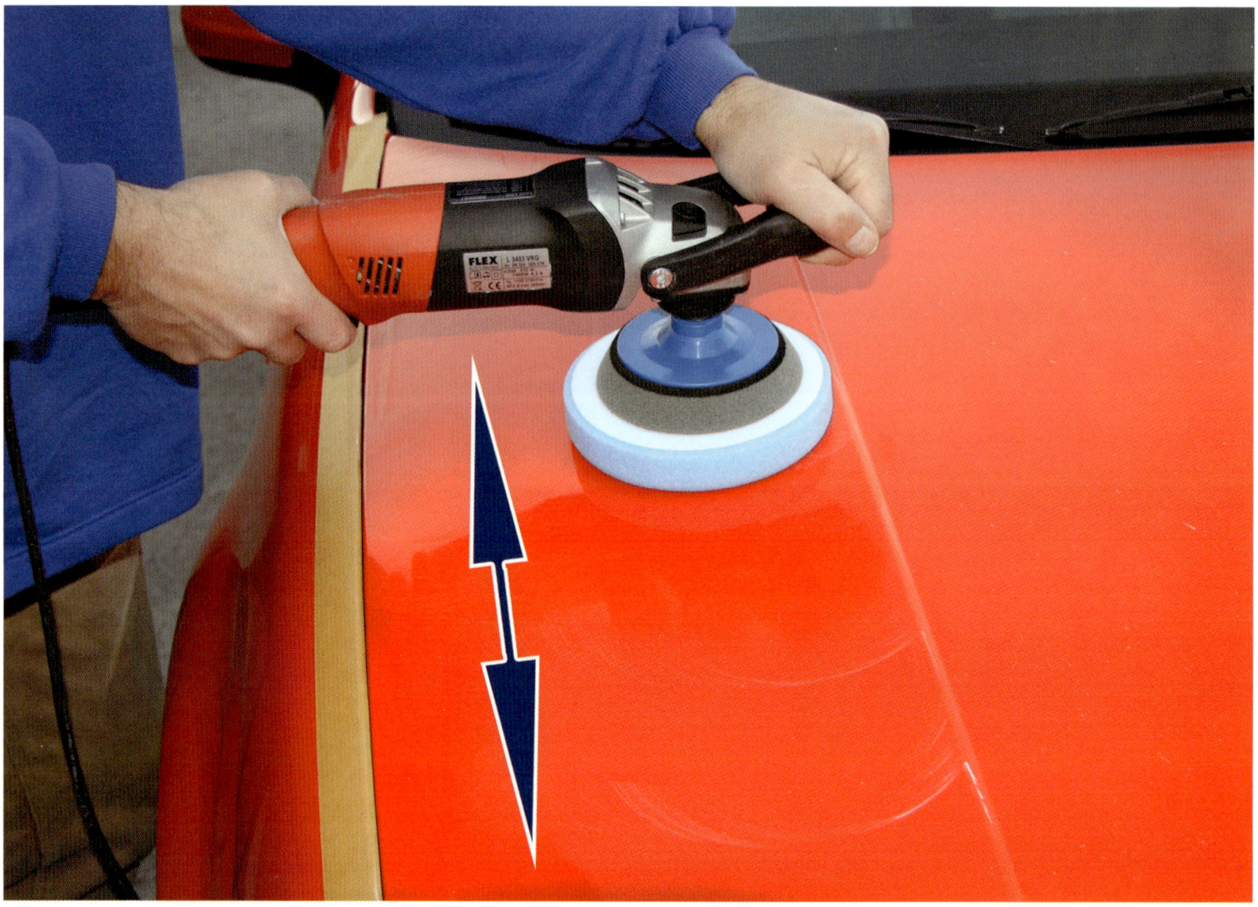

**Erst einmal längs bis zur Kontur polieren, dann mit weniger Druck quer auspolieren. Mit der feineren Politur später diagonal auf Glanz polieren.**

Poliermittel kreuzförmig ausbringen, dann verteilt sich das Mittel am besten auf der Oberfläche. Anschließend den Polierteller immer erst flächig auflegen, bevor die Maschine eingeschaltet wird – sonst spritzt das Poliermittel im hohen Bogen durch die Gegend.

Apropos Einschalten: Die richtige Drehzahl ist äußerst wichtig für wirksames und fehlerfreies Arbeiten. Wählt man sie zu niedrig, passiert fast nichts, wählt man sie zu hoch, verbrennt man den Lack oder legt in Sekundenschnelle die Grundierung frei. Daher an dieser Stelle einige Daten aus dem Profibereich.

**Drehzahlempfehlungen für konventionelle Lacke:**

| | |
|---|---|
| **Lackreinigung:** | ca. 1500 bis 1700 Umdrehungen pro Minute |
| **Lackpolitur:** | ca. 1200 bis 1500 Umdrehungen pro Minute |

Bei Pulverbeschichtungen und kratzresistenten Lacken empfiehlt sich für Reinigung und Politur eine Drehzahl von ca. 800 bis 1000 Umdrehungen pro Minute.

Bevor Sie nun loslegen noch ein paar Tipps, wie Sie die unterschiedlichen Fahrzeugoberflächen perfekt und spurenfrei maschinell reinigen und polieren. Bearbeiten Sie gewölbte Oberflächen (z. B. die Fahrzeugflanken) bei der Lackreinigung immer in diagonaler Richtung. Dadurch liegt der Schwamm flächig auf und es entstehen keine Hologramme. Der zweite Arbeitsschritt, das Polieren, sollte dann entgegengesetzt diagonal ausgeführt werden. Bitte beachten Sie, dass manche Sportfahrzeuge oder Oldtimer generell gewölbte bis stark gewölbte Karosserien aufweisen und daher überall diagonal gereinigt und poliert werden sollten.

Auf nur leicht gewölbten, fast planen Oberflächen können Sie über Kreuz polieren, z. B. die Hauben bei der Lackreinigung in Längsrichtung und beim Polieren in Querrichtung. Auf diese Weise werden auch feinste Spuren von härterem Werkzeug, von der Schleifpaste oder der Schleifpolitur sicher entfernt. Grundsätzlich gilt, dass jeder Bearbeitungsschritt mit unterschiedlichen Produkten und Werkzeugen immer in eine andere Polierrichtung ausgeführt werden sollte.

Weiterhin sollten Sie grundsätzlich in stark überlappenden Bahnen polieren. Arbeiten Sie mit der Poliermaschine langsam, fast wie in Zeitlupe, schnelle Bewegungen kreieren Fehler und Spuren. Nehmen

Sie immer wieder für kleine Teilbereiche etwas frische Politur auf. Kontrollieren Sie durch Abreiben der Politur bei jedem Teilbereich sofort, ob dieser fehlerfrei ist oder noch einmal bearbeitet werden muss. Nehmen Sie dazu immer helle Lichtquellen (z. B. Halogenstrahler aus dem Baumarkt) zu Hilfe, dann sehen Sie sofort, ob Sie Fehler gemacht haben oder Spuren entstanden sind.

Waschen Sie nach jedem bearbeiteten Karosserieteil den Polierschwamm aus, damit verbrauchte Politur und Lackabtrag entfernt werden, und das Werkzeug wieder effizient arbeitet. Nach dem Auswaschen setzen Sie den Schwamm wieder auf den Stützteller, halten die Maschine nach unten und lassen sie ca. 30 bis 40 Sekunden auf höchster Stufe laufen. Dadurch wird das Wasser herausgeschleudert und Sie haben einen sauberen und leicht feuchten Schwamm zum Weiterarbeiten. Polierschwämme sollten stets feucht eingesetzt werden, weil die Politur sich so besser verteilt und der Schaumstoff fehlerärmer poliert. Alternativ können Sie, gerade bei warmem Wetter, gelegentlich etwas Wasser mit einem Punktzerstäuber aufs Werkzeug oder die Polieroberfläche sprühen, um ein milderes Polierergebnis zu erreichen.

**PROFITIPP:** **Bearbeiten Sie auch mit der Maschine immer nur kleine Flächen, ca. 50 x 50 cm, und entfernen Sie Poliermittelreste vor dem Antrocknen manuell mit einem Mikrofasertuch. Geben Sie für jedes Teilstück frische, wirkungsvolle Politur aufs Werkzeug.**

Übrigens: Kleine Konturen und Rundungen lassen sich sehr gut mit Schaumstoffpolierbällen bearbeiten. Diese gibt es in unterschiedlichen Durchmessern und sie lassen sich mit einem Akkuschrauber perfekt maschinell bewegen.

Nachdem Sie nun den Oberflächen Ihres Fahrzeugs eine komplette Lackreinigung und -politur gegönnt haben, können Sie alle Klebebänder entfernen. Als zusätzlichen Arbeitsschritt habe ich mir angewöhnt, vor der Lackversiegelung mit etwas Glanz- oder Glasreiniger und einem frischen weichen Mikrofasertuch alle Fahrzeugoberflächen noch einmal per Hand nachzureinigen. Danach kann man mit einer starken Lichtquelle oder dem Sonnenlicht am besten kontrollieren, ob alle Gebrauchsspuren entfernt wurden und keine Maschinenlaufspuren oder Hologramme durch die Bearbeitung entstanden sind.

Nun sollte die Lackoberfläche hochglänzend und spurenfrei sein und es kann in einem letzten Arbeitsgang Wachs oder Lackversiegelung aufgetragen werden, um das Polierergebnis lang anhaltend zu schützen.

# Lackdefekte und Schleiftechniken

In diesem letzten Kapitel geht es um Lackdefekte, die zwangsläufig irgendwann auf jeder Fahrzeugoberfläche zu finden sind. Zum einen handelt es sich um mechanische Schäden, wie Lackabsplitterungen (z. B. durch Steinschlag), tiefere Lackkratzer und flächige Kratzspuren. Zum anderen gibt es die durch chemische Einwirkungen verursachten Lackschäden, wie z. B. Verätzungen durch Vogel- und Insektenkot, Baumharze, Industrieablagerungen und -emissionen sowie durch Säuren usw.

Mechanische Schäden, z. B. durch Steinschläge, können durch Auffüllen von Lack, anschließendes Beischleifen und Polieren weitestgehend repariert werden. Chemisch bedingte Schäden, sofern die Verätzungen noch nicht zu tief in die Lackstruktur eingedrungen sind, erfordern ebenfalls Schleif- und Polierarbeit, um sie vollständig zu beheben. Diese Art der Lackreparatur erfordert jedoch etwas Geschick und Know-how, um optimale Ergebnisse hervorzubringen. Die dazu nötigen Arbeitstechniken sollten Sie vorsichtshalber erst einmal an einem alten Fahrzeug an verdeckter Stelle üben. Ich bin aber sicher, dass Sie, wenn Sie sorgfältig nach dieser Anleitung arbeiten, den einen oder anderen Lackdefekt an Ihrem Fahrzeug beheben und unsichtbar machen können.

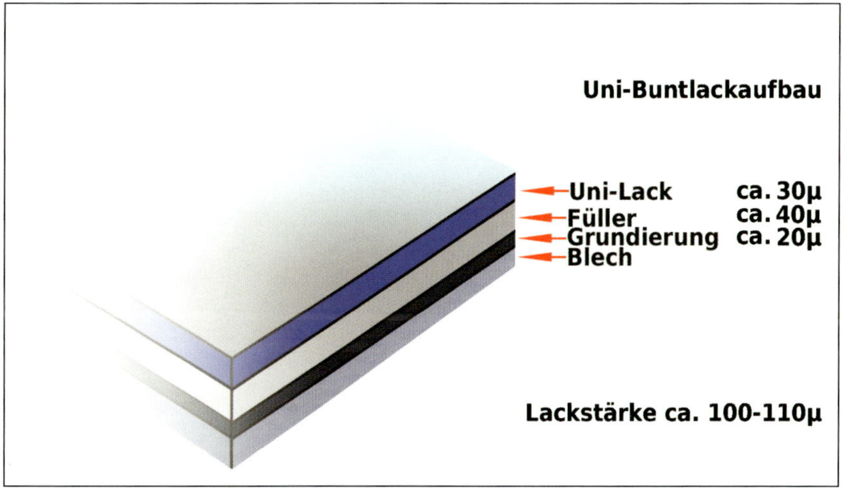


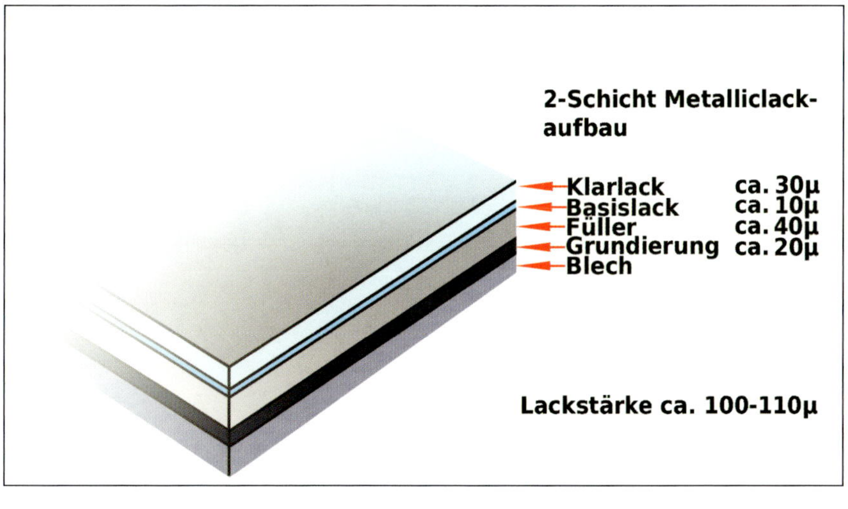


**Lackaufbau-Schema moderner Autolacksysteme. Da diese nur noch 1/10 mm Gesamtstärke haben, sollte nur noch sehr vorsichtig und fein geschliffen werden.**

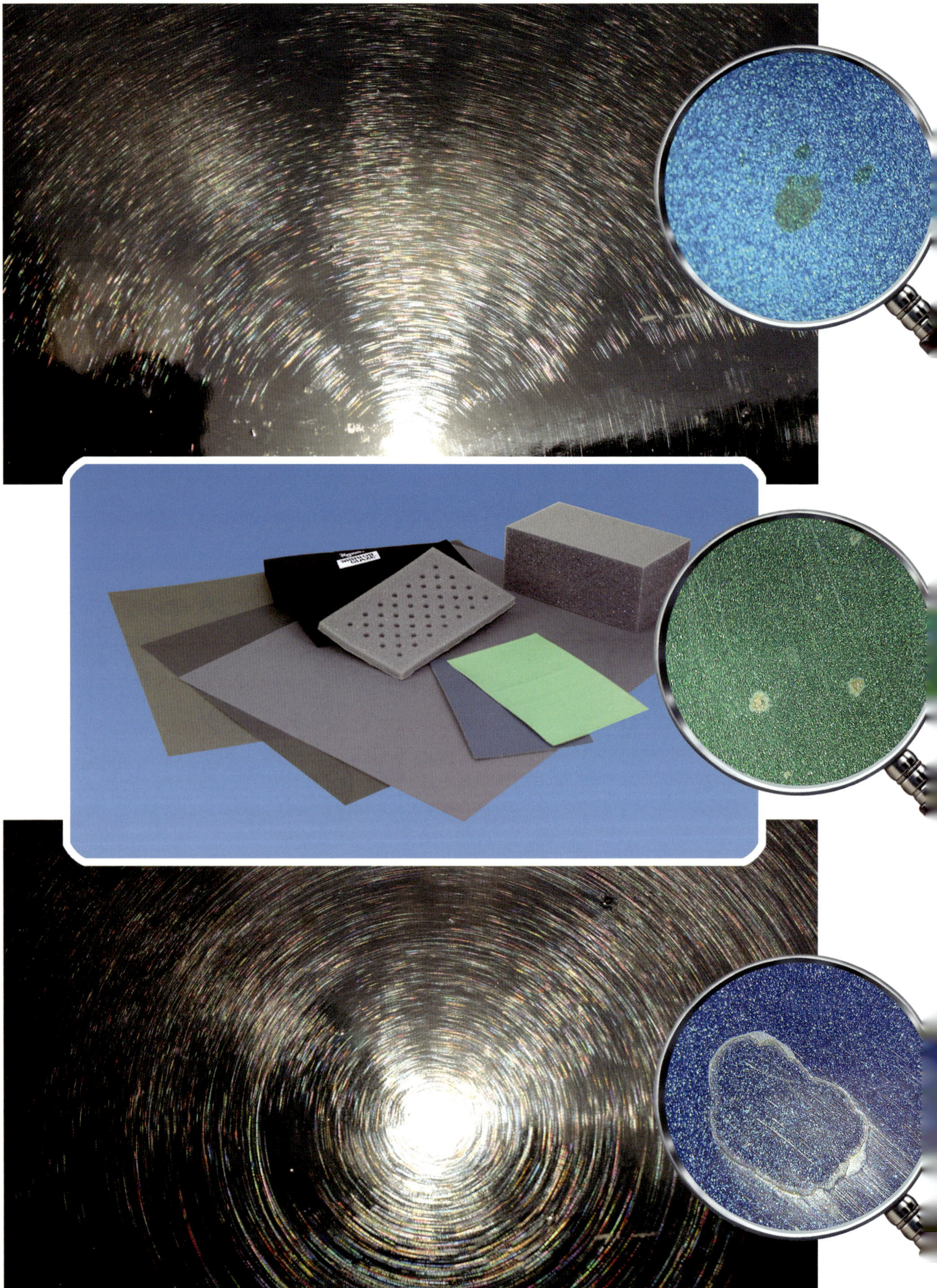

Beginnen wir also mit der Lackabsplitterung, die eine ansonsten tadellose Lackoberfläche nicht nur verunstaltet sondern auch der Rostgefahr aussetzt. In den meisten Fällen lassen sich solche Schäden und etwa tiefe Kratzer durch eine fachgerechte Reparatur nahezu spurlos beseitigen. Eine Metallicdecklackschicht z. B. besteht zu etwa 1/3 aus Basislack und zu 2/3 aus Klarlack. Meist ist der Steinschlag bis zur Grundierung vorgedrungen, so dass beide Lackschichten aufzufüllen und auszubessern sind.

Als erster Arbeitsschritt muss die betroffene Stelle mit einem mit Reinigungsbenzin getränkten Wattestäbchen gründlich gesäubert werden. Zeigen sich im Untergrund Poliermittelreste oder erste Rostansätze, so müssen diese mit der Spitze eines Bastelmessers behutsam aber rückstandslos entfernt werden. Wenn man hierfür eine Lupe zur Hand nimmt, erleichtert man sich diese Arbeit erheblich. Anschließend erneut mit einem Wattestäbchen penibel reinigen und entfetten.

Ist die Grundierung sichtbar, muss zuerst Basislack dünn aufgetragen werden. Sollte dieser noch unbeschädigt sein, entfällt der beschriebene Arbeitsschritt natürlich. Ansonsten greift man auf einen Lackstift im Originalfarbton zurück. Der darin enthaltene Lack ist allerdings viel zu dickflüssig, weshalb er mit einem Universalverdünner stark verdünnt werden muss. Nun kann dieser verdünnte Lack vorsichtig mit einem ganz feinen Aquarell- oder Malpinsel auf den Grund der Vertiefung aufgetragen werden. Auch hierbei hilft eine Lupe entscheidend. Wichtig ist hier, dass die Grundierung komplett bedeckt sein muss, die Klarlackränder dabei aber nicht mit dem verdünnten Basislack benetzt werden dürfen. Nur so ist am Ende eine unsichtbare Reparatur zu realisieren. Anschließend ist eine Trocknungszeit von 20 bis 30 Minuten bei ca. 20 Grad Raumtemperatur unbedingt einzuhalten.

**PROFITIPP: Mit einem Haarfön oder einer Infrarotlampe können Sie solche Trocknungsphasen deutlich beschleunigen.**

Die vollständig durchgetrocknete und ausgebesserte Reparaturstelle kann nun mit Klarlack aufgefüllt werden. Dieser wird wiederum mit einem sauberen,

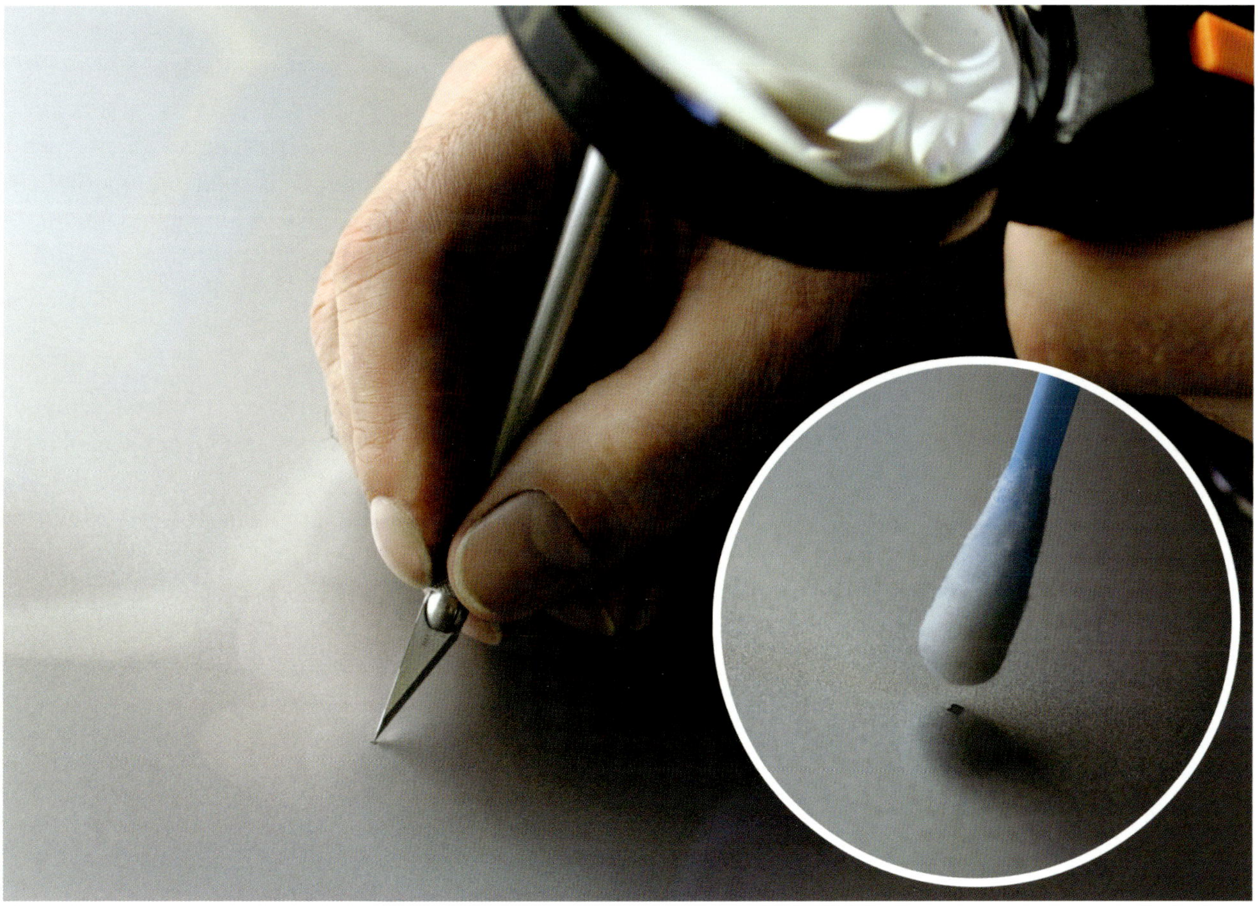

**Lackdefekte immer sehr gründlich reinigen und entfetten bevor Lack aufgefüllt wird.**

**Nur verdünnten Basis- und später Klarlack mit einem sehr feinen Pinsel auftragen.**

feinen Pinsel aufgetragen bis der Krater komplett geschlossen und sogar leicht überfüllt ist. Die nun fällige Trocknungszeit beträgt mindestens 24 Stunden.

Nach der kompletten Durchhärtung kann die ausgebesserte Stelle weiter bearbeitet werden. Die überstehende Klarlackwölbung muss nun mit einem Schleifblock mit 2000er Korn vorsichtig plan geschliffen werden. Alternativ dazu kann man auch mit Schleifpapier gleicher Körnung arbeiten, das man um einen kleinen Schleifblock aus Korkmaterial gewickelt hat. Der Schleifvorgang sollte immer in geraden Bewegungen und mit wenig Druck erfolgen. Nach etwa 5 bis 8 Schleifhüben ist durch Trockenreiben zu prüfen, ob die Reparaturstelle schon völlig plan ist. Falls nicht, muss man den Vorgang fortsetzen bis man eine gleichmäßig matte Oberfläche erhält.

Die dabei entstandenen Schleifspuren sind mit einer Schleifpaste oder einem speziellen Kratzerentferner und einem feinen Baumwolltuch in kreisenden oder in diagonalen Bewegungen zu beseitigen. Anschließend ist die nun seidenmatte Stelle mit einem Polierschwamm und danach mit Glanzpolitur zu behandeln. Letzter Schritt ist dann das Nachpolieren mit einem Mikrofaser- oder Baumwolltuch. Wenn Sie alles richtig gemacht haben und die Arbeitsschritte sauber ausgeführt haben, dürfte jetzt von dem reparierten Steinschlagschaden nichts mehr zu sehen sein.

Durch chemische Einwirkung entstandene Schäden an der Lackoberfläche, wie sie z. B. durch Vogelkot hervorgerufen werden, lassen sich, wenn sie den Lack noch nicht bis auf den Grund zerstört haben, gleichfalls durch Schleifen und Polieren entfernen. Um hier fehlerfrei zu arbeiten, muss man zunächst das richtige Schleifmittel und die richtige Körnung auswählen. Es ist deshalb angebracht, an dieser Stelle eine kleine Einführung in die Welt der sogenannten Hi-Tech-Schleifmittel zu geben. Dort wird grob in Schleiffolien, Schleifpapiere und Schleifblöcke unterschieden.

Beginnen wir mit den Schleiffolien. Diese sehr flexiblen Feinschleifmittel sind ideal, um bei strukturier-

**Hochstehende Lackdefekte oder Lackausbesserungen können mit einem feinen Schleifblock perfekt plan geschliffen werden.**

ten Lackoberflächen Beschädigungen durch Vogel- und Insektenkot oder hässliche Kalkflecken schonend per Hand zu beseitigen. Dabei entfernt dieses Schleifmittel nicht die ursprüngliche Lackstruktur oder Orangenhaut, sodass die Reparaturstelle im Anschluss optisch nicht auffällt. Für die Anwendung muss ein passend großes Stück Schleiffolie um einen weichen Handschleifklotz aus Schaumgummi gewickelt werden.

**Feine Schleiffolie auf einem Schwamm arbeitet ideal auf strukturierten Lackoberflächen.**

Schleifpapiere dagegen eignen sich gut, um unerwünschte Strukturen oder Lackfehler auf glatt lackierten Oberflächen sicher zu entfernen. Mit Hilfe der Finger, einem Handschleifklotz aus Moosgummi oder einer geeigneten Schleifunterlage kann auch das Papier fehlerfreie Schleifbilder erzeugen, die sich im Anschluss poliertechnisch perfekt behandeln lassen.

Abschließend kommen wir noch kurz zu den Schleifblöcken. Diese harten, aus Feinschleifmittel gepressten kleinen Klötzchen sind ideal, um auf einer Oberfläche alles Erhabene perfekt plan zu schleifen. Ob Staubeinschlüsse oder Lackläufer nach einer Lackierung, ob ausgetupfte Lackausbesserung oder Kratzer – alles lässt sich mit diesem kleinen Profiwerkzeug einfach und wirkungsvoll plan schleifen.

Aber nun zur eigentlichen Schleiftechnik. Folien, sollten vor dem Einsatz eine Viertelstunde lang in sauberem oder destilliertem Wasser eingeweicht werden. Dadurch wird das Schleifmittel standfester, verliert an statischer Aufladung und arbeitet in jeder Hinsicht fehlerfrei.

**WICHTIG:** **Auch hier noch einmal der Hinweis, dass Sie nur auf einer Lackoberfläche, die ohne fühlbare Ablagerungen ist, Schleifarbeiten ausführen dürfen. Unbedingt mit einer Lackreinigungsknete solche festsitzenden Ablagerungen vorher entfernen, um tiefe Kratzspuren beim Schleifen wirksam zu vermeiden.**

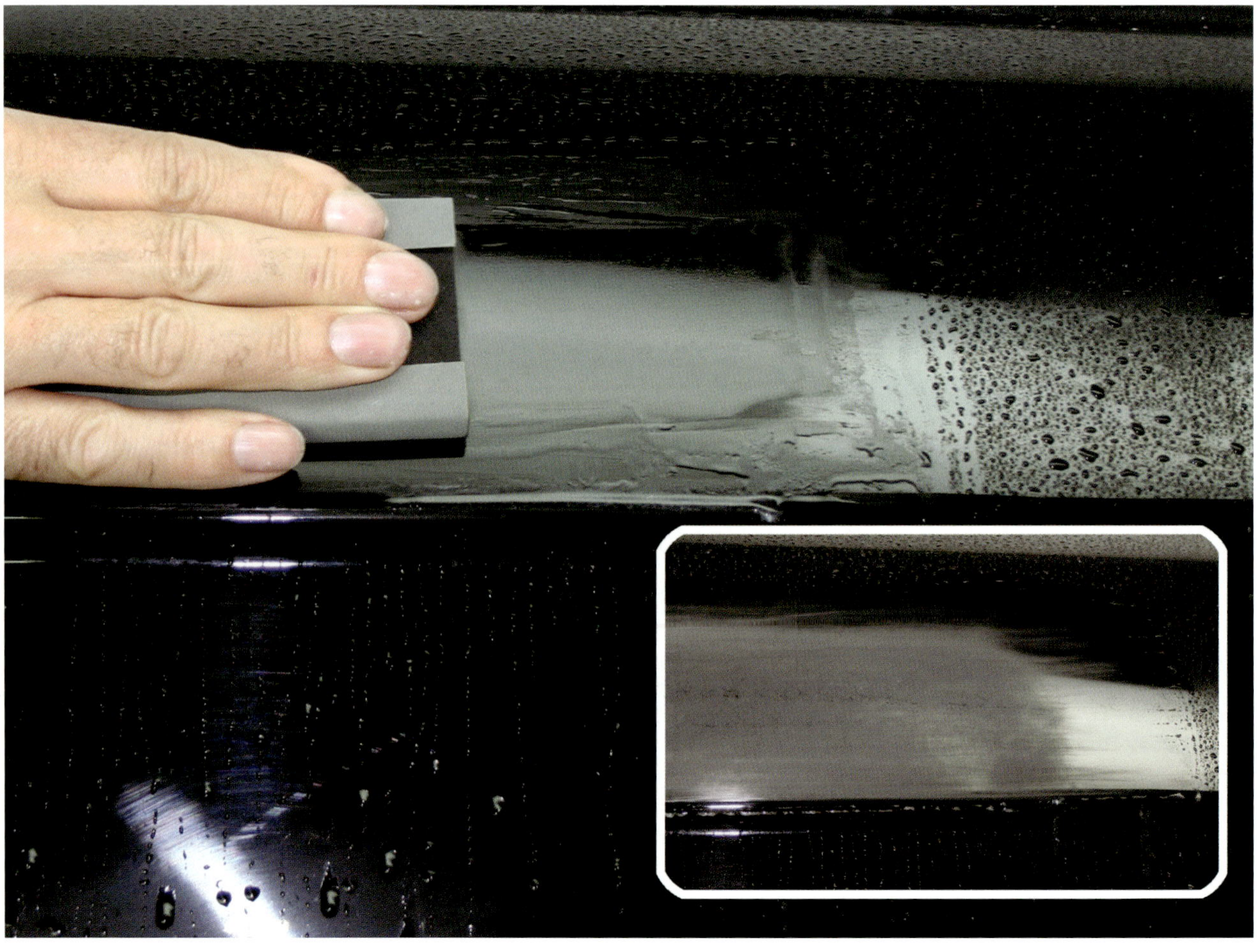

**Das Schleifpapier während der Anwendung immer wieder reinigen. Die Schleifunterlage eignet sich auch dazu um das Wasser zu entfernen.**

Nehmen Sie eine Sprühflasche zur Hand und sprühen Sie reichlich Wasser auf das Schleifmittel und die Reparaturstelle. Dann bewegen Sie – ohne Druck (!) – das gewählte Schleifmittel auf der Reparaturstelle. Machen Sie maximal 5 bis 8 Schleifhübe bevor Sie das Schleifmittel und die Reparaturstelle erneut mit genügend Wasser reinigen. Trocknen Sie von Zeit zu Zeit die Reparaturstelle um zu kontrollieren, ob der vorhandene Lackdefekt schon entfernt ist.

**WICHTIG:** **Schleifen Sie stets in kurzen, geraden Bewegungen und ohne Druck. Reinigen Sie in kurzen Abständen das Schleifmittel und die Reparaturstelle. Nur so entstehen fehlerfreie Schleifbilder.**

Ein entscheidender Punkt ist natürlich auch die Schleifmittelkörnung. Hier ein paar auf persönlichen Erfahrungen beruhende Anhaltspunkte für die richtige Wahl. Auf alten oder nachlackierten Fahrzeugoberflächen kann man noch – vorsichtig – mit einer 1500er oder 2000er Körnung arbeiten. Moderne, dünnschichtige Fahrzeuglacke vertragen dagegen nur noch eine 2500er Körnung – wer ganz sicher gehen will, sollte jedoch vorsichtshalber eine 3000er Körnung nehmen. Auf kratzresistenten Lackoberflächen oder Pulverbeschichtungen sollte man generell nur noch mit 3000er Körnung schleifen. Die auf diese Weise entstehenden extrem feinen Schleifbilder lassen sich im Anschluss durch eine Schleifpaste oder spezielle Kratzerentferner perfekt beseitigen. Dazu muss das Schleifbild aber fehlerfrei sein und das Polierprodukt entgegen der Richtung der Schleifspuren verarbeitet werden. Wenn man also in geraden Bewegungen schleift, dann sollte man mit etwas Druck in kreisenden oder diagonalen Bewegungen polieren. Von Hand dauert das Auspolieren einige Minuten, mit einer Poliermaschine geschieht dies in Sekunden.

Zum Abschluss noch dies: Nehmen Sie sich grundsätzlich genügend Zeit und seien Sie stets gewissenhaft, wenn Sie Lackoberflächen fehlerfrei bearbeiten wollen. Dann gelingen Ihnen alle hier beschriebenen Reparaturmethoden.

Nachfolgend finden Sie eine Liste nützlicher Arbeits- und Hilfsmittel, die wir der Einfachheit halber und im Branchenslang stets als „Werkzeuge" bezeichnen. Eine kurze Beschreibung ihres Zwecks und ihrer Handhabung hilft Ihnen bei der Pflege Ihres Fahrzeugs.

FLEX
FESTOOL
RO 125 FEQ
ROTEX

# Werkzeuge/Arbeitsmittel

## 1. Lackreinigungs- und Polierschwämme

Weiche Schaumstoffschwämmchen sind nützliche Hilfsmittel zum Auftragen oder Verarbeiten von Polituren, Wachsen und Pflegemitteln. Schaumstoffschwämme sollten vor Gebrauch mit Seife oder Mikrofaser-Waschmittel ausgewaschen werden, damit sie weicher und schonender über empfindliche Oberflächen gleiten. Schaumstoffschwämme arbeiten bei der Lackreinigung oder -politur milder als die meisten Tücher. Nach Abschluss der Arbeiten können durch Politur- und Wachsreste verschmutzte Schwämmchen mit einem Haushaltsreiniger und warmem Wasser wieder gesäubert werden. Ausgespült und an der Luft getrocknet sind sie anschließend wieder einsatzbereit.

## 2. Maschinenstützteller

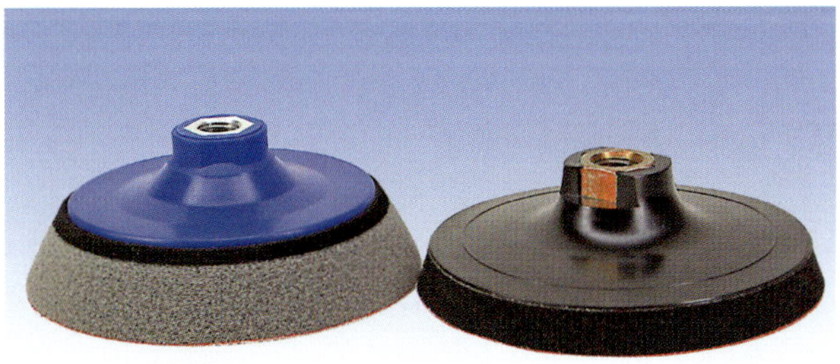

Klettstützteller für Poliermaschinen gibt es in unterschiedlichen Härten und Größen. Wobei die mit der dickeren, weicheren Schaumstoffzwischenlage Polierfehler besser vermeiden helfen. Auch die Größe der Stützteller ist für das Polierergebnis wichtig: Ein größerer Durchmesser ergibt zum Beispiel eine stärkere Wirkung des Schaumstofftellers, ein kleinerer Stützteller ist dagegen zwar weniger effektiv, arbeitet aber sicherer, d. h. mit ihm gibt es ein geringeres Risiko, dass sich etwa auf gewölbten Karosserien Spuren zeigen. Die flachen harten Stützteller führen das Werkzeug steifer (höhere Schleifwirkung) und verzeihen ein leichtes Verkanten der Maschine im Allgemeinen nicht. Überdies entstehen leichter Hologramme durch die Kante des Polierschaumstoffes.

## 3. Schaumstoff-Maschinenpolierteller

Bei Polierkörpern hat sich in der Praxis erwiesen, dass ein weicheres und optisch besseres Poliergebnis entsteht, wenn sie vor und während der Arbeit ausgewaschen werden. Auf feuchten Schaumstoff-Poliertellern verteilt sich die Politur besser und es entsteht ein weicheres, spurenärmeres Polierbild als mit trockenen Polierkörpern. Auch hier ist es nützlich, den Schaumstoff vorher mit einem Mikrofaser-Waschmittel zu waschen, weil er so weicher und anpassungsfähiger wird, was wiederum auf sensiblen Lackoberflächen von Vorteil ist und einfach zu besseren Ergebnissen führt. Unterschiedliche Härten des Schaumstofftellers ermöglichen unterschiedlich starken Lackabtrag.

## 4. Schleifpapiere

Zur Reparatur von Lackoberflächen eignen sich Profi-Schleifpapiere der Körnung 2500 und 3000 am besten. Diese extra feinen Schleifmittel sind ideal, um selbst feinste Lackdefekte auszuschleifen. Vor Gebrauch ca. 15 min. in Wasser einweichen, und etwas Seife oder Autoshampoo zugeben. Danach können z. B. feine Kratzspuren oder Schatten von Vogelkot vorsichtig ausgeschliffen werden. Bei schlechter Wasserqualität können die Papiere auch in ¼-Bögen geschnitten und in destilliertem Wasser eingeweicht werden. Dadurch werden fehlerhafte Schleifstellen vermieden, und die Reparaturstellen lassen sich mühelos und einfach wieder aufpolieren.

## 5. Schleifblöcke

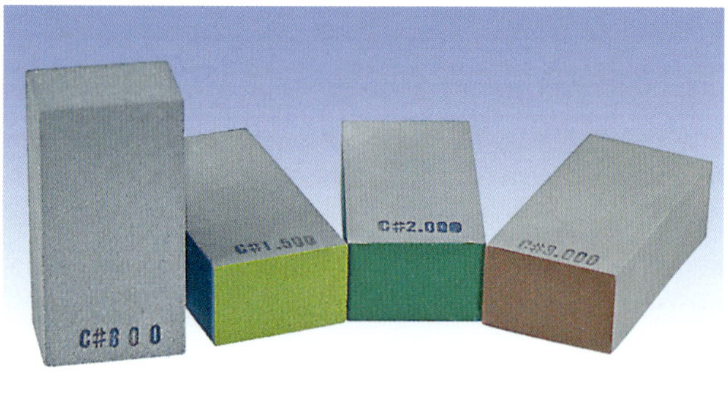


Diese aus gepresstem Schleifkorn bestehenden Schleifblöcke kommen aus dem Profibereich. Sie werden verwendet, um erhabene Lackdefekte und Lackausbesserungen perfekt plan zu schleifen. Sie sind daher auch ideal, um mit Lack aufgefüllte Steinschlagschäden und Lackkratzer optimal zu glätten. Die Blöcke in einem Gläschen mit destilliertem Wasser einweichen und lagern. Auf älteren konventionellen Lacken kann man mit 1500er und 2000er Blöcken arbeiten, bei den neuen dünnschichtigen Lacksystemen besser mit 2000er und 3000er Körnung. Die feinen Schleifspuren der Blöcke lassen sich perfekt mit einer Schleifpaste oder Politur zur Kratzerentfernung beseitigen und wieder aufpolieren.

## 6. Reinigungsknete

Die schonendste Art, fühlbare Ablagerungen von Lackoberflächen zu entfernen. Diese spezielle Knetmasse entfernt Industrieablagerungen, Lacknebel, Baumharze und Insektenreste rückstandsfrei. Ihre Anwendung ist der erste Schritt jeder gründlichen Lackreinigung. Da die Knete z. B. auch Eisenstaub und Bremsabriebpartikel einschließt und entfernt, können diese sich bei einer Lackreinigung oder Politur während des Arbeitsvorgangs nicht mehr lösen und den Lack verkratzen. Auch häufige Anwendungen der Knete reduzieren nicht – wie bei anderen Techniken – die Lacksubstanz. Nach erfolgreicher Behandlung fühlt sich der Lack an wie eine Glasscheibe. Übrigens: Natürlich lassen sich auch Glasoberflächen mit der Knete perfekt von fühlbaren Ablagerungen befreien.

## 7. Baumwolltücher

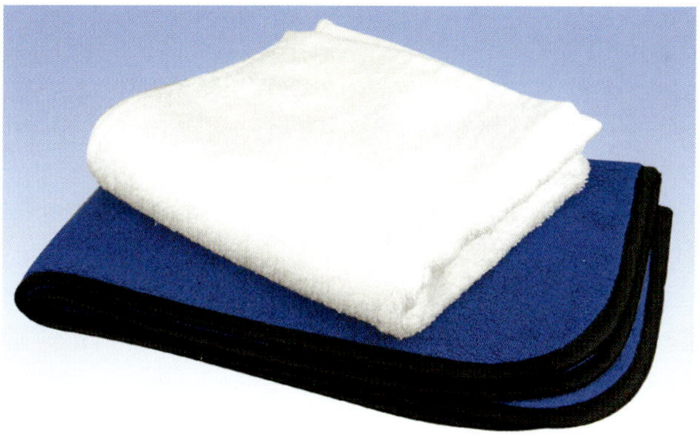

Diese sind das klassische Handwerkszeug, um Oberflächen zu reinigen, zu polieren und zu konservieren. Voraussetzung ist allerdings eine hochwertige Qualität. Zur Lackpflege sind Baumwolltücher einfach unerlässlich. Auch hier kann vorbereitend durch Waschen mit unterschiedlichen Feinwaschmitteln eine unterschiedliche Weichheit des Materials erzielt werden. Nur sehr weiche und zusätzlich mit Wasser befeuchtete Baumwolltücher putzen auf empfindlichen Lackoberflächen nahezu spurenfrei. Sie sind auch ideal geeignet, um Wachse schonend aufzupolieren und überschüssiges Pflegemittel in der Schlaufenstruktur aufzunehmen. Auch bei der Leder- und Kunststoffpflege sind solche Tücher unerlässlich.

## 8. Mikrofaser-Poliertücher

Diese neuartigen superfeinen Fasern sind sehr schonend, weshalb die Automobilindustrie sie auf den noch weichen, putzempfindlichen Neulacken einsetzt. Aber Vorsicht! Die zur Lackpflege eingesetzten Tücher sind in ihrer Webstruktur anders beschaffen als die Haushaltsreinigungstücher aus dem Supermarkt und besitzen auch keine harte Naht an den Kanten. Die speziell für die Lackpflege entwickelten Mikrofaser-Poliertücher sorgen für perfekten spurenfreien Hochglanz beim Nachreiben z. B. auf allen dunklen Lackoberflächen. Diese Tücher sind ein absolutes Muss zur perfekten Pflege moderner Fahrzeugoberflächen. Durch ein hochwertiges Mikrofaser-Waschmittel kann die Weichheit und Lebensdauer solcher Tücher deutlich verlängert werden.

## 9. Mikrofaser-Reinigungstücher

Durch ihre schärfer gespaltenen Fasern reinigen und entfetten solche Tücher harte Oberflächen wie Glas, Kunststoff und unlackiertes Metall perfekt. Meist reicht eine ergänzende Behandlung mit Wasser oder Glasreiniger aus, um selbst starke Verschmutzungen von solchen Oberflächen schonend zu entfernen. Ausdrücklich nicht geeignet sind diese einfacheren Reinigungstücher jedoch für Lackoberflächen, weil sie zum Teil Spuren hinterlassen und sogar fettende Substanzen und Wachse entfernen können. Auch die harte Naht des Tuchsaums verewigt sich auf empfindlichen Oberflächen gerne durch hässliche Putzspuren. Wenn diese Tücher gesäubert werden müssen, ist auch hier der Einsatz eines Mikrofaser-Waschmittels empfehlenswert.

## 10. Reinigungspinsel

Weiche Pinsel mit Naturhaar eignen sich hervorragend zur schonenden Reinigung sensibler Oberflächen, wie z. B. Motorräume, Einstiegs- und Karosseriekanten. Aber auch Felgen und Verdeckkanten lassen sich mit Pinseln unterschiedlicher Form optimal säubern. Ob dies trocken oder nass geschieht kommt auf die Art der Verschmutzung und die jeweilige Oberfläche an. Wichtig: Die verwendeten Reinigungspinsel sollten keine Metallzwinge zur Einfassung der Borsten haben, da diese Kratzer auf den Oberflächen verursachen können. Als Schutzmaßnahme kann man eine Metalleinfassung allerdings auch mit einem Isolierband umwickeln. Nach Gebrauch mit Seife ausgewaschen bleiben Naturhaare länger flexibel und arbeiten spurenfrei.

## 11. Reinigungsbürsten

Egal ob zur Verdeck-, Polster- oder Lederreinigung: Sämtliche Reinigungsbürsten sollten ausschließlich weiche Natur- oder Nylonborsten aufweisen. Zu harte Borsten schädigen nachweislich gerade ältere Verdeck- und Polsterstoffe. Um also solche Schäden zu vermeiden, nicht nur mit weichen Bürsten arbeiten sondern auch ohne Druck und stets in Faserrichtung reinigen und shampoonieren. Weiche Bürsten können im trockenen Zustand auch zum Entfernen von Poliermittelresten an Zierteilen und Schriftzügen eingesetzt werden. Auch hier gilt: Nach Gebrauch unter fließendem Wasser gut ausspülen. Zusätzlich können zur Pflege von Naturborsten auch Neutral- oder Glyzerinseifen eingesetzt werden, um eine Rückfettung zu gewährleisten.

## 12. Bürsten für die Felgenreinigung u.a.

Eine gute Auswahl unterschiedlicher Bürsten ist überaus sinnvoll, um z. B. Felgen und Motorräume gründlich zu reinigen. Je nach Oberflächenbeschaffenheit sollten die geeigneten Bürsten ausgewählt werden. Zum einen ist deren Form wichtig, um auch alle Winkel der zur reinigenden Oberflächen zu erreichen. Aber auch die Borstenhärte sollte dem Reinigungszweck entsprechen. Weiche Borsten sind für sensible Lacke oder Metalloberflächen, härtere Kunststoffborsten dagegen für grobe, harte Verschmutzungen auf z. B. Felgen und Motorgehäusen die richtige Wahl. Form und Länge der Borsten sollten so gewählt werden, dass alle zu reinigenden Flächen beschädigungsfrei erreicht werden können. Auch sollte auf allen Drahtenden eine Schutzkappe vorhanden sein, um Beschädigungen zu vermeiden.

## 13. Naturschwamm

Dies ist das perfekte Reinigungsutensil für sensible Lackoberflächen. Ein gepflegter Naturschwamm mit einem guten Shampoo und handwarmem Wasser reinigt sogar empfindliche dunkle Lackoberflächen nahezu spurenfrei. Es ist jedoch von entscheidender Wichtigkeit, dieses superweiche Naturprodukt nach jeder Anwendung gründlich unter fließendem Wasser auszuspülen. Dabei müssen alle, wirklich alle Schmutz- und Sandpartikel aus der offenen Struktur gespült werden. Auch wäscht man damit zugleich Shampooreste vollständig aus, die die Schwammfasern auf Dauer schädigen würden. Den Naturschwamm anschließend an der Luft trocknen lassen und dann staubfrei lagern. So erhält man sich über einen langen Zeitraum dieses hochwertige Waschwerkzeug.

## 14. Autowaschschwamm

Die modernen Autowaschschwämme sind weicher geworden und arbeiten dadurch spurenärmer. Bei normalen Lackqualitäten und helleren Farben kann man sie bedenkenlos einsetzen. Wenn der Lack Ihres Autos aber dunkel und sehr sensibel ist, sollten Sie extra weiche Schaumstoffe oder einen Naturschwamm verwenden. Künstliche Schwämme sind sehr pflegeleicht und lassen sich auch in der Waschmaschine perfekt reinigen. Auch bei diesem Werkzeug ist Sauberkeit sehr wichtig, wenn man unnötige Waschspuren vermeiden will. Wie alle Schaumstoffe bei maximal 40 Grad mit einem Feinwaschmittel waschen.

## 15. Mikrofaser-Waschhandschuh

Moderne Mikrofaser-Waschhandschuhe eignen sich vorzüglich zur gründlichen Reinigung von Fahrzeugoberflächen. Sie entfernen besser als Waschschwämme z. B. Insektenreste, Baumharze und Ablagerungen von Lack und Kunststoffoberflächen. Dabei arbeiten Sie meist noch spurenärmer und schonender als die traditionellen Waschutensilien. Sie halten zudem sehr viel Flüssigkeit, was besonders vorteilhaft ist, wenn man Waschspuren bestmöglich vermeiden will. Die Fasern lassen sich zwischendurch auch sehr gut reinigen, was dem Waschergebnis zugute kommt. Mikrofaser-Waschhandschuhe nach dem Gebrauch immer gründlich ausspülen und ab und zu in der Waschmaschine mit Mikrofaser- oder Feinwaschmittel durchwaschen.

## 16. Autoleder

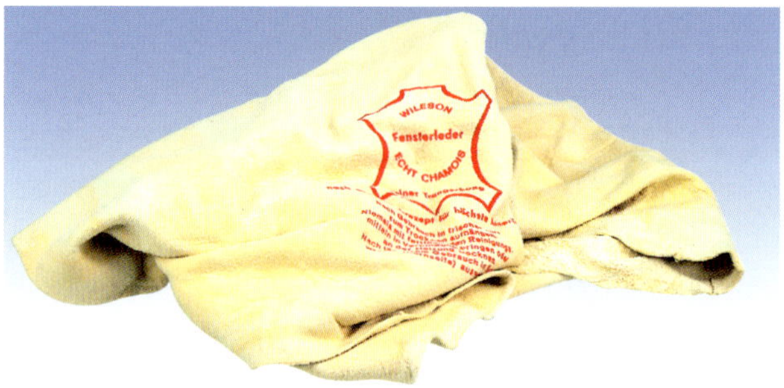

Ein hochwertiges Leder ist nachweislich die pfleglichste Methode, um eine Fahrzeugoberfläche nach der Wäsche zu trocknen. Wie beim Naturschwamm ist es auch beim Leder dringend erforderlich, es nach jeder Anwendung gründlich unter fließendem Wasser zu reinigen. Dabei werden Schmutz, Sand und Shampooreste ausgespült, die sonst dem Leder (und der Lackoberfläche!) schaden würden. Danach muss das Leder aufgespannt an der Luft trocknen und sollte anschließend an einem möglichst staubarmen Ort aufbewahrt werden. Um die Eigenschaften des Naturmaterials möglichst lange zu erhalten, ist es hilfreich, das Leder von Zeit zu Zeit in etwas warmem Wasser (max. 40° Grad) und Neutral- oder pH-neutraler Glycerinseife einzuweichen. Am nächsten Tag dann auswringen und trocknen lassen. Dadurch kann das Leder rückfetten; es muss nur vor dem nächsten Gebrauch mit klarem Wasser ausgespült werden.

## 17. Schwammtuch

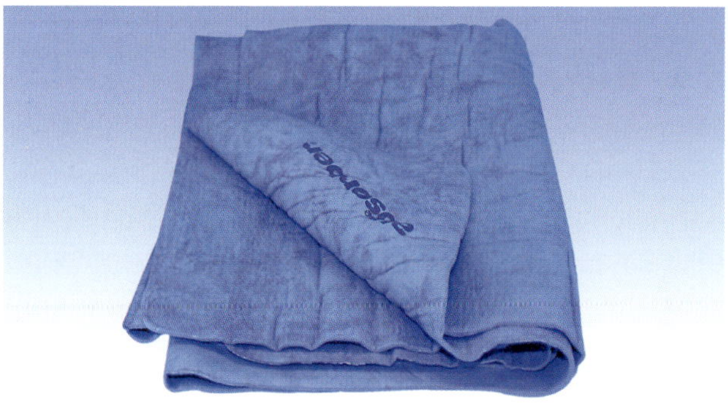

Diese neuere Variante der Trockentücher ist robuster und pflegeleichter als Fensterleder. Außerdem saugen die Schwammtücher bis zu 50 % mehr Wasser auf und dies auch deutlich schneller als ein Leder. Durch Ihre sehr weiche Struktur sind sie bestens für die Trocknung selbst sensibler Oberflächen gccig net. Ein weiterer Pluspunkt ist die einfachere Reinigung des Tuches, etwa in der Waschmaschine, um Spuren von Schmutzpartikeln auf Oberflächen zu vermeiden. Nach dem Gebrauch gründlich ausspülen und feucht in die Verpackung geben. Gelegentlich bei niedrigen Temperaturen und mit einem Feinwaschmittel in der Maschine waschen.

## 18. Mikrofaser-Trockentuch

Trockentücher auf Mikrofaserbasis sind die wohl weichsten Hilfsmittel, um eine sensible Lackoberfläche spurenfrei zu trocknen. Diese Tücher nehmen auch deutlich mehr Wasser auf als ein Autoleder und lassen sich besser reinigen. Aber achten Sie beim Kauf unbedingt auf die Weichheit der Mikrofaser, denn nur die extra weichen Trockentücher arbeiten spurenfrei. Weiterer Pluspunkt: Die Mikrofaser reinigt beim Abtrocknen die Oberfläche noch zusätzlich und entfernt Verschmutzungsreste, die trotz der Handwäsche haften geblieben sind. Einziger Nachteil dieser superweichen Tücher ist, dass sie weiche Naturwachsschichten auf der Lackoberfläche abtragen können. Wichtig ist, wie bei allen Mikrofaserprodukten, die richtige Reinigung: Sie sollte mittels eines Mikrofaser- oder Feinwaschmittels bei maximal 40 bis 60 Grad geschehen.

## Herstellernachweis

**OTTO DURST GMBH & CO.KG** (Autosol)
Tel.: 0212-27180, www.autosol.de

**SCHWEIZER EFFAX GMBH** (Effax)
Tel.: 02573-93730, www.schweizer-effax.de

**FLEX ELEKTROWERKZEUGE GMBH**
(Poliermaschinen)
Tel.: 07144-8280, www.flex-tools.com

**FESTOOL GMBH** (Poliermaschinen)
Tel.: 07024-8040, www.festool.com

**HCM INNOVATION LÖCHLER** (Reinigungsbürsten)
Tel.: 08134-554676, www.fix40.com

**MANFRED HOFFMANN GMBH** (Autoglym)
Tel.: 02204-75518, www.autoglym.de

**KIESOW – DR. BRINKMANN GMBH & CO.KG**
(Ecromal)
Tel.: 05231-76040, www.ecromal.eu

**F.W. KLEVER** (Ballistol)
Tel.: 08744-96990, www.ballistol.de

**LIQUI MOLY GMBH** (Benzinzusatz/Öl)
Tel.: 0731-14200,www.liqui-moly.de

**LEDERZENTRUM GMBH** (Lederreinigung/Pflege)
Tel.: 0800-5553337,www.lederzentrum.de

**PETZOLDT'S OHG** (Polituren, Liquid Glass,
Lexol, Renovo, RaggTopp, Knete, Maschinen-
polituren)
Tel.: 02331-483340,www.petzoldts.de

**ROTWEISS** (Metall-Polituren, Pflegemittel)
Tel.: 08382-89044,www.rotweiss.com

**SONAX GMBH** (Pflegeprodukte)
Tel.: 08431-530, www.sonax.de

**DR. O.K. WACK CHEMIE** (A1, Pflegeprodukte)
Tel.: 0841 6350,www.wackchem.com

**MEGUIAR'S DEUTSCHLAND GMBH** (Pflegeprodukte)
Tel.: 0800 6348427 , www.meguiars.de

## Danksagung

Bei folgenden Firmen und Personen möchte ich mich recht herzlich für Ihre Hilfe und Unterstützung bedanken.

**Fa. Andreas Krieg**
**Fa. Autohaus Jürgens**
**Fa. K-Tech**
**Fa. Walkling Holztechnik**
**Fa. Neubauer Show Room Services**
**Fa. Volkmar von Wittern**

# Weitere Titel aus dem HEEL Verlag

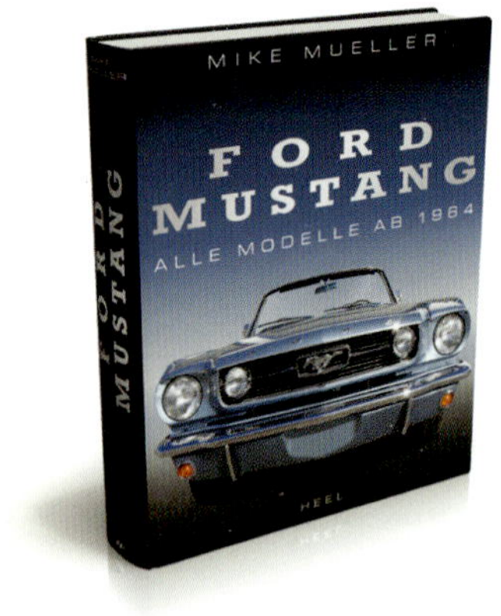


## Die Legende lebt!
### Alle Modelle ab 1964

348 Seiten, ca. 450 größtenteils farb. Abb., 275 x 310 mm, gebunden mit Schutzumschlag, ISBN 978-3-86852-272-3

Die Ford Motor Company schuf mit dem Mustang 1964 die neue Spezies kompakter, aber dennoch leistungsstarker US-Sportwagen für Familienväter, deren Nachkommen bis heute diese Tradition fortführen.

**EUR 49,90**

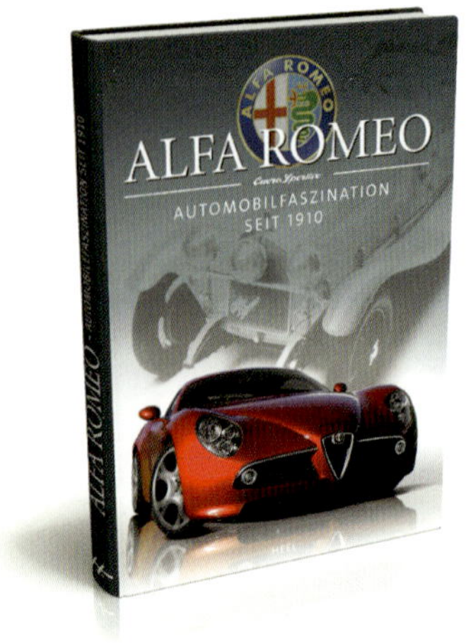


## Die Kultmarke feiert Geburtstag

ca. 136 Seiten, ca. 180 größtenteils farb. Abb., 210 x 297 mm, gebunden, ISBN 978-3-86852-271-6w

Ob 24 HP, 6C 1750, Giulietta, Giulia, Spider, Alfetta, 164, Mito oder der 8C Competizione Spider – dieses Buch zeigt alle Modelle der Mailänder Avantgardemarke.

**EUR 19,95**

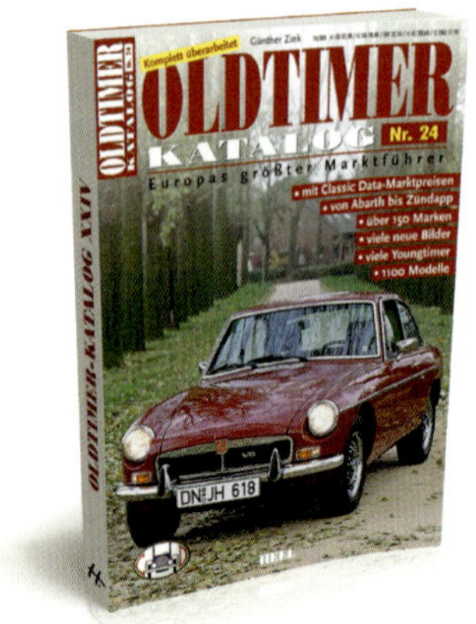


## Das Standardwerk der Oldtimerszene
## Europas größter Marktführer

ca. 380 Seiten, ca. 1300 größtenteils farbige Abbildungen, 210 x 297 mm, Paperback, ISBN 978-3-86852-185-6

Die neueste Ausgabe von Europas größtem Marktführer für klassische Automobile präsentiert in der nunmehr 24. Ausgabe rund 1300 Fahrzeuge von über 150 Herstellern detailliert in Wort und Bild mit aktuellen Sammlerpreisen.

**EUR 17,90**

## Technik – Sicherheit – Fahrdynamik – Tuning

ca. 300 Seiten, ca. 600 zumeist farbige Abbildungen und Illustrationen, ca. 210 x 270 mm, gebunden, ISBN 978-3-89880-656-5

Reifen sind High-tech-Produkte und die einzige Verbindung zwischen Auto und Straße – eine entscheidende Komponente der Fahrsicherheit. Das Standardwerk für alle, die mehr über das „schwarze Gold“ wissen wollen oder müssen, verschafft einen tiefen Einblick in Theorie und Praxis.

**EUR 29,90**